科学出版社"十四五"普通高等教育本科规划教材

数 学 实 验

（第三版）

金正猛　王正新　杨振华　郦志新　编著

科学出版社

北 京

内 容 简 介

本书是在江苏省 21 世纪教学改革重点项目"数学建模思想与提高学生综合素质研究"成果的基础上，由南京邮电大学数学实验编写团队精心编写、反复打磨而成的. 全书包含 MATLAB 软件基础和十四个数学实验，内容涉及高等数学、线性代数、初等数论、计算方法、概率论与数理统计等课程. 全书以提问的形式引导学生亲身经历发现与创造的全过程，注重培养学生的创新精神、数学建模能力和用计算机解决实际问题的能力. 本书与时俱进，在实验内容中融入课程思政元素，并在中国大学 MOOC 平台上建设了配套的学习资源，本书还为重难点配套微课视频，学生扫描二维码即可学习相关内容.

本书可作为高等院校本科生数学实验课程的教材，也可作为工程技术人员的参考用书.

图书在版编目（CIP）数据

数学实验/金正猛等编著. —3 版. —北京: 科学出版社, 2022.1
科学出版社"十四五"普通高等教育本科规划教材
ISBN 978-7-03-070874-8

Ⅰ. ①数… Ⅱ. ①金… Ⅲ. ①高等数学-实验-高等学校-教材

Ⅳ. ①O13-33

中国版本图书馆 CIP 数据核字（2021）第 256627 号

责任编辑：王胡权　范培培　李　萍／责任校对：崔向琳
责任印制：霍　兵／封面设计：蓝正设计

科 学 出 版 社 出版
北京东黄城根北街 16 号
邮政编码：100717
http://www.sciencep.com
石家庄继文印刷有限公司印刷
科学出版社发行　各地新华书店经销
*
2002 年 2 月第 一 版　开本：720×1000　1/16
2010 年 2 月第 二 版　印张：13
2022 年 1 月第 三 版　字数：262 000
2024 年 12 月第四十二次印刷
定价：39.00 元
（如有印装质量问题，我社负责调换）

前　言

本书是编写团队历经二十多年的探索实践、深入钻研、反复打磨编写而成的，是编写团队在南京邮电大学进行数学实验课程建设和教学改革的成果之一.

一、课程背景及成果

数学实验课程是一门改革型的课程，由教育部倡导开设，现已成为大学数学课程的重要组成部分，是与微积分、线性代数、概率论与数理统计等课程同步开设的重要教学课程. 南京邮电大学的数学实验课程自 1998 年以来一直作为全校本科生的公共必修课开设，受到广大学生的好评. 由于数学实验的开设，大学生使用计算机软件的能力和解决问题的能力得到了很好的锻炼，数学建模能力获得了实质性的提高，因此南京邮电大学的大学生在历年来的全国大学生数学建模竞赛和美国大学生数学建模竞赛中一直保持优异成绩.

2000 年，南京邮电大学申报的 "高等学校数学教学改革系列课程——数学实验与数学建模" 获得江苏省高等教育教学成果奖一等奖. 2004 年，东南大学、南京邮电大学等高校合作申报的 "开展数学建模活动推进理工科课程体系改革"，获得江苏省高等教育教学成果奖一等奖. 南京邮电大学数学实验教学中心在长期教学中，取得了长足的进步. 该中心为江苏省第一个数学实验省级实验教学示范中心.

由于数学实验课程和教材的促进作用，南京邮电大学在全国大学生数学建模竞赛中取得了丰硕的成果. 南京邮电大学自 1998 年至 2020 年参加全国大学生数学建模竞赛，共获得全国大学生数学建模竞赛一等奖 75 项，在全国高校中位于前列. 2004 年至 2020 年期间，南京邮电大学参加美国大学生数学建模竞赛，累计获得最高奖 SIAM 奖 1 项、特等奖 2 项、特等奖提名 7 项、一等奖 139 项.

二、改版思路与说明

《数学实验》于 2002 年 2 月出版，2010 年由于本课程使用的软件由 Mathematica 改为 MATLAB，出版了第二版. 两个版本使用已二十年，其间教学环境和教学要求都发生了较大的改变，比如 MATLAB 版本不断更新、思政内容进课堂，同时长期的教学积累也对课程内容的优化提出了要求. 在此背景下，我们对本书进行再版.

本次改版继承了前面版本的思路和风格，仍然以启发式提问引导读者自主进行观察、发现、归纳、演绎和编程计算、具体来说，主要做了以下修订.

(1) 对书中的 MATLAB 代码进行了优化，使之适用于最新版本的 MATLAB.

(2) 在开篇 MATLAB 软件基础部分, 对内容重新编排整合, 更加适合读者学习.

(3) 实验四是重点教学内容, 本版改动较大, 原 2.6 节删除, 增加 "迭代法用于计算代数方程近似根" 及 "序列的散点图" 两节, 并将描绘 "蜘蛛网" 图的代码进行改进, 实现动态画图, 更有利于观察判断. 另外对部分习题也进行了修改.

(4) 增加数学建模案例 "实验十四　种群增长模型与新冠肺炎疫情预测", 对我国新冠肺炎疫情进行数学建模, 并对后续发展进行了预测.

(5) 将自然辩证法、数学历史文化等思政元素有机融入各实验中, 例如实验二至实验六、实验十一等.

三、主要特色与创新

本书编写团队长期在高校从事数学实验课程教学和相关科研工作, 具有良好的理论基础和丰富的应用实践经验, 经过我们多年的探索、努力和打磨, 力争在《数学实验 (第三版)》中做到以下特色与创新.

1. 与时俱进, 融入课程思政元素

本书把课程思政元素融入具体的实验内容中, 有利于培养大学生的世界观、人生观和价值观, 有利于提高大学生的科学素养, 引导学生热爱学习.

2. 学以致用, 注重培养学生解决问题的能力

通过书中提高型实验的训练, 培养学生发现问题、分析问题、解决问题的能力, 能够利用数学软件 MATLAB 编写程序, 学习掌握用数学方法求解实际问题的基本技能. 学生从解决实践问题的过程中不仅能体会到理念与实践之间的相互作用, 而且还能从结果的实际意义中看到数学的价值, 体会到解决大量的生产、生活中的实际问题是离不开数学的, 提高学习数学的自觉性, 培养数学的致用精神.

3. 内容新颖, 注重培养学生的创新思维能力

通过书中研究创新型实验的训练, 学生能够利用数学软件 MATLAB, 观察某些实验现象, 进行分析判断, 并给出理论解释或证明. 这类实验的选题从社会热点、市场经济、环境保护、城市建设等社会生活和自然现象中取材, 具有一定的趣味性, 通过创设情境, 引导学生进行数学实验, 激发学生的数学探究兴趣. 例如实验十四, 由经典的病毒传播模型讲起, 再以已有的新冠肺炎传播数据不断地对模型进行修正, 最终建立了更为合理的新冠肺炎预测模型, 引导学生树立科学防疫的意识.

4. 资源丰富, 提供完善的配套教学资源

本书的部分内容已建设了 MOOC 课程资源, 形成了集配套课件、视频、随堂测验、单元测验、单元作业、讨论、考试和答疑等丰富的教学资源. 这些精选内容, 融趣味性、实用性、理论性和实践性于一体, 让学生在兴趣中积极主动学习. 本课程已在中国大学 MOOC 南京邮电大学平台上开设 7 期, 选课人数突破 2 万, 获得了正面积极评价. 本书充分利用信息技术, 通过二维码链接重难点微课视频, 学生扫描书中二维码即可学习相关内容.

四、致谢

本次再版得到了南京邮电大学教务处、理学院领导、数学实验教学中心全体同事以及理学院其他任课教师的帮助和鼓励, 并得到科学出版社的鼎力支持, 在此一并表示衷心感谢.

限于编者水平, 书中难免存在不足和疏漏之处, 恳请读者批评指正.

编　者

2021 年 6 月于南京

目　　录

MATLAB 软件基础

§1 引　　言

MATLAB 是美国 MathWorks 公司开发的一款数学软件, 它的名称由 matrix(矩阵) 和 laboratory(实验室) 两词各自的前三个字母组合而成. 早期主要用于现代控制中复杂的矩阵、向量的各种运算. 现已发展成为一种用于算法开发、数据可视化、数据分析以及数值计算的高级技术计算语言和交互式环境.

使用 MATLAB, 可以解决最基本的数学问题, 诸如数值计算、矩阵计算、符号运算、统计分析、求解优化问题等. 不仅如此, MATLAB 的应用范围非常广, 包括信号和图像处理、通信、控制系统设计、测试和测量、财务建模和分析以及计算生物学等众多应用领域.

MATLAB 软件的命令系统本身构成了一种功能强大的程序设计语言, 用这种语言可以比较方便地定义用户需要的各种函数和程序包, 系统本身也提供了许多应用程序包.

MATLAB 软件容易使用, 用户界面友好. 双击 MATLAB 软件图标, 即可打开软件, 软件界面如图 0.1 所示 (以 MATLAB R2020a 为例).

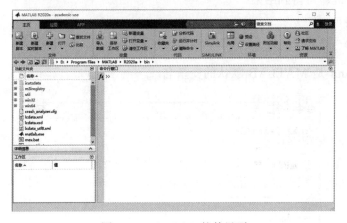

图 0.1　MATLAB 软件界面

MATLAB 软件的用户界面主要包括: 主菜单、工具栏和窗口. 主菜单界面如图 0.2 所示.

图 0.2　MATLAB 软件主菜单界面

MATLAB 的主菜单包括主页、绘图和 APP 三项, 每项中包括若干具体的操作选项.

工具栏界面如图 0.3 所示.

图 0.3　MATLAB 软件工具栏界面

MATLAB 的工具栏包括保存、剪切、复制、粘贴、撤销和恢复等常用操作. 同时, MATLAB 的工具栏还包括一个搜索文档的输入框.

打开 MATLAB 软件, 在默认设置下打开的窗口包括以下内容.

(1) 命令窗口 (Command Window)(图 0.4). 在默认设置下, 命令窗口自动显示于 MATLAB 软件界面右侧. 命令窗口自动显示提示符 "≫", 在提示符 "≫" 后面可以输入要运行的命令, 如在 "≫" 后面可以输入 2*3+6/2, 在屏幕显示为

```
>>2*3+6/2
```

按回车键即可得到结果:

```
ans =
    9
```

其中 ans 是 MATLAB 默认的变量名.

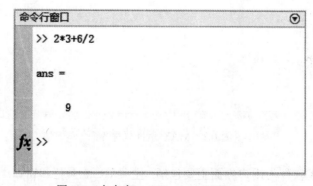

图 0.4　命令窗口 (Command Window)

　　命令窗口右上角有个 "⚫" 标志, 单击后在下拉菜单中可以选择 "取消停靠" 即可单独调出命令窗口, 之后再从下拉菜单中选择 "停靠" 即可在 MATLAB 界面中恢复命令窗口.

　　(2) 命令历史窗口 (Command History Window)(图 0.5). 命令历史窗口显示用户在命令窗口中所输入的每条命令的历史记录, 并标明使用时间, 这样可以方便用户查询. 如果用户想再次执行某条已经执行过的命令, 只需在命令历史窗口中双击该命令.

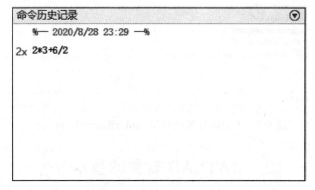

图 0.5　命令历史窗口 (Command History Window)

　　(3) 工作间管理窗口 (Workspace Window) (图 0.6). 工作间管理窗口就是用来显示当前计算机内存中 MATLAB 变量的名称、变量的值、数据结构、该变量的字节数及其类型等信息.

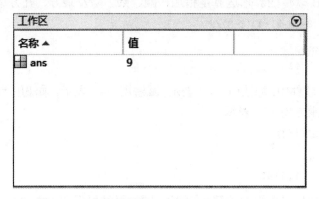

图 0.6　工作间管理窗口 (Workspace Window)

　　(4) 当前路径窗口 (Current Folder Window) (图 0.7). 在默认设置下, 当前路径窗口自动显示于 MATLAB 界面中, 显示着当前用户工作所在的路径. 如果要设置 MATLAB 工作的路径, 可以通过单击主菜单中 "设置路径" 选项操作完成.

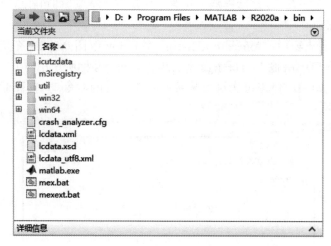

图 0.7　当前路径窗口 (Current Folder Window)

§2　MATLAB 软件的基本命令

双击 MATLAB 软件的图标即可启动 MATLAB 软件.

在其命令窗口中出现 "≫" 后即可输入命令, 如 sin(pi/2), 然后按下回车键即可执行相应的命令.

2.1　算术运算

MATLAB 软件的算术运算是指加、减、乘、除及乘方、开方运算.

例 1　>> 3*(5-2)+4^(6-3)/2

　　ans=

　　　　41

在 MATLAB 软件中, 加法用 "+" 表示, 减法用 "−" 表示, 乘法用 "∗" 表示, 除法用 "/" 表示, 乘方用 "^" 表示.

例 2　>>2^(1/2)

　　ans=

　　　　1.4142

MATLAB 对数据采取近似计算, 在默认设置下, 结果保留 5 位数字.

例 3　>>1/3+pi

　　ans=

　　　　3.4749

pi 表示圆周率 π.

例 4 >>2^100 %计算2的100次方

ans=

1.2677e+030

结果用科学计数法表示, 1.2677e+030 表示 1.2677×10^{30}.

在输入命令中, 可在%之后写入命令的注解, 注解并不影响命令的执行, 如例 4 中的命令.

2.2 函数

MATLAB 软件提供了许多数学上的函数, 表 0.1 给出了一些常用的函数. 在 MATLAB 软件中, 英文字母大小写严格区分. 函数与命令后面的表达式要放在小括号里.

表 0.1 常用的函数

函数	数学含义	函数	数学含义
abs(x)	$\|x\|$	sqrt(x)	$\sqrt{x}$
sin(x)	$\sin x$	log(x)	$\ln x$
cos(x)	$\cos x$	log10(x)	$\lg_{10} x$
tan(x)	$\tan x$	max([x1,x2,...])	$\max(x_1, x_2, \cdots)$
cot(x)	$\cot x$	min([x1,x2,...])	$\min(x_1, x_2, \cdots)$
sec(x)	$\sec x$	sign(x)	符号函数
csc(x)	$\csc x$	rats(x)	有理逼近
asin(x)	$\arcsin x$	fix(x)	向零方向取整
acos(x)	$\arccos x$	ceil	向上取整
atan(x)	$\arctan x$	floor	向下取整
acot(x)	$\text{arccot } x$	round	四舍五入取整
asec(x)	$\text{asec } x$	asinh(x)	反双曲正弦函数
acsc(x)	$\text{acsc } x$	atanh(x)	反双曲正切函数
sinh(x)	双曲正弦函数	sech(x)	双曲正割函数
cosh(x)	双曲余弦函数	csch(x)	双曲余割函数
tanh(x)	双曲正切函数	rand	0,1 之间均匀随机数
coth(x)	双曲余切函数	randn	标准正态分布随机数
angle(z)	arg z(辐角的主值)	randi([a,b],m,n)	$m \times n$ 随机矩阵, 元素都是介于整数 a 与 b 之间的随机整数
real(z)	z 的实部	exp(x)	e^x
imag(z)	z 的虚部	mod(a,b)	a 除以 b 的余数
conj(z)	z 的共轭复数	primes(n)	不大于 n 的所有素数
factorial(n)	$n!$	nchoosek(n,k)	C_n^k

例 5　>>sin(pi/6)

　　ans=

　　　0.5000

例 6　>>sqrt(3.3+1.5i)

　　ans=

　　　1.8608 + 0.4031i

例 7　>>rand

　　ans=

　　　0.8147

例 8　>>rand('seed',45);rand ％以45为种子数产生随机数

　　ans =

　　　0.0809

例 9　>>rand(2,3) ％产生2×3的随机数矩阵

　　ans =

　　　0.8147 0.1270 0.6324

　　　0.9058 0.9134 0.0975

除了表 0.1 中列出的 MATLAB 软件已定义的常用函数以外, MATLAB 软件中还可以定义其他函数, 见本节 "2.7 M 文件与函数的定义" 部分.

2.3　赋值

MATLAB 软件中可以直接给变量赋值, 并进行运算. 变量名必须以字母开头, 不能有空格和标点符号 (可以有下划线).

例 10　>>x=1

　　x=

　　　1

例 11　>>a=1,b=2;c=3

　　a=

　　　1

　　c=

　　　3

例 12　>> d=a+b*c

　　d=

　　　7

MATLAB 软件中的语句可以写在同一行里, 中间用分号或逗号隔开, 分号之前的命令不显示结果, 逗号 (或不加标点符号) 之前的命令显示结果. 一般地, 常用的标点符号意义如表 0.2 所示.

表 0.2　常用的标点符号

标点符号	含义	标点符号	含义
;	区分行, 取消运行显示等	.	小数点以及域访问等
,	区分列, 函数参数分隔符等	...	连接语句
:	在数组中应用较多	'	字符串的标识符号
()	指定运算优先级等	=	赋值符号
[]	矩阵定义的标志等	!	调用操作系统运算
{}	用于构成单元数组等	%	注释语句的标识

2.4　逻辑运算

如同许多高级程序语言一样, MATLAB 软件也提供了逻辑运算的功能. 逻辑运算可用于程序中的条件控制.

1. 关系运算

表 0.3 给出了常用的关系运算.

表 0.3　关系运算

运算	含义
x==y	相等
x~=y	不相等
x>y	大于
x>=y	大于或等于
x<y	小于
x<=y	小于或等于

例 13　>> 3>=2

　　ans=

　　　1

若逻辑判断的结果为真, 则值为 1, 否则值为 0.

注：在 MATLAB 中一般不使用连续的关系运算符.

例 14　>> -3<-2<-1

　　ans=

　　　0

在例 14 中, 系统先判断 "-3<-2", 值为 1, 于是-3<-2<-1 变为 1<-1, 显然结果为假, 得到最终的值为 0.

2. 逻辑运算

表 0.4 给出了常用的逻辑运算.

表 0.4　逻辑运算

运算	含义
~p	否
p&q	且
p|q	或

例 15　>>(5.8>4.1)&&~(3.2==2.0)

　　　ans=
　　　　1

3. 逻辑判断命令

在 MATLAB 软件中的一些名词之前加上 "is" 构成了许多逻辑判断命令, 例如,

isempty(是否为空集)　　　　　　　　isequal(是否相等)

isfloat(是否浮点数)　　　　　　　　isglobal(是否全局变量)

isinteger(是否整数)　　　　　　　　isprime(是否素数)

isreal(是否实数)　　　　　　　　　　isvector(是否向量)

例 16　>> x=isprime(2),y=isprime(4)

　　　x=
　　　　1
　　　y=
　　　　0

2.5　矩阵与向量

MATLAB 软件提供了相当丰富的关于矩阵与向量的函数命令. 关于向量与矩阵的运算是非常快捷与方便的.

用Matlab
计算矩阵

1. 向量与矩阵的定义

(1) 直接定义: 直接输入向量或矩阵的元素, 同一行的元素以逗号或空格来分隔, 不同的行用分号或回车分隔.

例 17　>> a=[1,2,3;4,5,6;7,8,10]

```
a=
   1   2   3
   4   5   6
   7   8  10
>> x=[2,3]
x=
   2   3
>> y=[4;5]
y=
   4
   5
```

(2) 向量的冒号定义: a:d:b 形式的语句生成一个行向量, 范围在 a 与 b 之间, a 为第一个元素, d 为间隔, d 的取值不能为 0.

例 18　>> z=12:-3:1

```
z=
 12 9 6 3
```

(3) 语句定义:

zeros(m,n) 产生 m 行 n 列的元素全为 0 的矩阵;

ones(m,n) 产生 m 行 n 列的元素全为 1 的矩阵;

eye(n) 产生 n 阶单位矩阵;

diag(u) 产生一个对角矩阵, 其对角线元素与向量 u 的元素一致;

vander(u) 产生一个范德蒙德矩阵, u 为一个向量;

magic(n) 产生一个 n 阶魔术矩阵;

hilb(n) 产生一个 n 阶希尔伯特矩阵;

invhilb(n) 产生一个 n 阶反希尔伯特矩阵;

triu(A) 返回 A 的上三角元素阵;

tril(A) 返回 A 的下三角元素阵.

例 19　>> diag([2,6])

```
ans=
   2   0
   0   6
```

2. 矩阵的元素操作

MATLAB 利用下标访问矩阵的元素.

例 20　>> a=[1,2,3;4,5,6;7,8,10];

```
        b1=a(3,1)   %b1 为 a 的第 3 行第 1 列的元素
        b2= a([1,3],[1,2])
         %b2 为 a 的第 1,3 行第 1,2 列的元素构成的矩阵
        b3=a(end,:)   %b3 为 a 的最后一行所有列元素构成的矩阵
        b4=a(7)   %将 a 的所有列按照从左到右的次序排列,b4 求第 7 个元素
        a(:,4)=[3,2,1]   %将矩阵 a 添上第 4 列
        b5=reshape(a,2,6)   %将 a 重写为 2 行 6 列的矩阵
        c=find(b3==8)   % 求 b3 中等于 8 的元素的位置
```

运行以上语句得到的结果为

```
    b1=
        7
    b2=
        1    2
        7    8
    b3=
        7    8    10
    b4=
        3
    a=
        1    2    3    3
        4    5    6    2
        7    8    10   1
    b5=
        1    7    5    3    10   2
        4    2    8    6    3    1
    c=
        2
```

3. 矩阵的基本运算

矩阵的加减法是对相同维数的矩阵的对应元素进行加减, 与一般的理解一致. 如果是矩阵和标量进行加减, 则该矩阵的所有元素与该标量进行运算.

例 21

```
>> x=[1,2,3;4,5,6];y=[7,8,9;4,3,2];z=x+y,w=x-5
    z=
        8    10   12
        8    8    8
    w=
        -4   -3   -2
        -1   0    1
```

矩阵 A 与 B 相乘 C=A*B, 其结果与代数中矩阵相乘也是一致的, 要求 A 的列数等于 B 的行数.

在 MATLAB 中, 对矩阵还有另一种乘法：A.*B, 此时要求 A 与 B 有相同的维数, 其结果为 A 与 B 的对应元素相乘.

矩阵方程组 AX=B 以及 XA=B 的解可以分别用 A\B 与 B/A 来表示. A./B 表示 A 与 B 的对应元素相除得到的矩阵.

若 n 为正整数, A 为一个方阵, 则 A^n 表示矩阵 A 的 n 次方. 若 A 为一个一般的矩阵或向量, A.^n 表示 A 的每个元素求 n 次方.

例 22 求解线性方程组 $\begin{cases} x+y+z=6, \\ 2x-y+3z=9, \\ 5x+y-z=4, \end{cases}$ 并验证.

解 相应的命令为

```
>>A=[1,1,1;2,-1,3;5,1,-1];b=[6;9;4];
x=A\b,r=A*x-b
```

得到的结果为

```
x=
    1.0000
    2.0000
    3.0000
r=
    1.0e-14 *
    0.0888
    0.1776
   -0.0444
```

由于是近似求解, 结果有微小的误差.

表 0.5 列出了向量和矩阵的常用计算命令.

表 0.5　向量与矩阵的常用计算命令

命令	说明
dot(a,b)	向量 a,b 的内积
cross(a,b)	向量 a,b 的外 (叉) 积
sum(a)	向量 a 各个元素之和
prod(a)	向量 a 各个元素之积
norm(a)	向量 a 的范数
length(a)	向量 a 的元素个数
mean(a)	向量 a 的平均值
median(a)	向量 a 的中值

命令	说明
sort(a)	向量 a 从小到大排列
A'	矩阵 A 的转置
trace(A)	矩阵 A 的迹
size(A)	矩阵 A 的维数
norm(A)	矩阵 A 的范数
rank(A)	矩阵 A 的秩
det(A)	矩阵 A 的行列式
inv(A)	矩阵 A 求逆
eig(A)	矩阵 A 的特征值
[P,D]=eig(A)	求矩阵 P, D, 使得 AP=PD, P 的列向量为特征向量, D 为对角矩阵, 对角线元素为 A 的特征值. 当 A 可以对角化时, $A=PDP^{-1}$

2.6 符号运算

符号表达式是代表数据、变量、函数等的字符串或字符串数组. 在线性代数、微积分等学科中一些运算必须使用符号运算. MATLAB 中, sym 命令定义单个的符号表达式, syms 定义多个符号变量.

例 23 syms a b x y 将 a,b,x,y 定义为符号变量.

例 24 >>x=sym('x','real'); % 定义x为符号变量，它代表实数

```
>>y=sym('y','real');
>>z=x+i*y;
>>conj(z)   %求共轭复数
ans =
x-sqrt(-1)*y
```

例 25 下面的语句将符号表达式中的 a 用值 1 进行替换.

```
>> f=sym('(a+b)^2');a=1;g=subs(f)
g=
(1+b)^2
```

也可以用 subs('(a+b)^2','a',1) 得到一样的结果.

例 26 simple 函数可以化简符号表达式.

```
>> y=sym('2*sin(x)*cos(x)'),z=simple(y)
y =
2*sin(x)*cos(x)
z =
sin(2*x)
```

表 0.6 给出了对一般符号表达式进行处理的一些常用命令.

表 0.6 一般符号表达式的常用命令

命令	说明	命令	说明
collect(f)	按照变量的次数合并同类项	simple(f)	求最简形式
expand(f)	展开表达式	simplify(f)	化简
factor(f)	因式分解	subs(f,a,b)	将 f 中 a 用 b 代入
horner(f)	转化为嵌套格式	[n,d]=numden(f)	求分式 f 的分子与分母
pretty(f)	将 f 显示为数学书写形式	sym(f)	将 f 转换为符号变量
symsum(f,x,a,b)	对 f 中的 x 从 a 到 b 求和	double(f)	将 f 转换成数值形式
findsym(f)	给出 f 中所有的符号变量	g=finverse(f)	计算 f(x) 的反函数, g 的自变量仍为 x
findsym(f,n)	给出 f 中离 x 最近的 n 个符号变量, n 大于 f 中符号变量个数时则按字母表顺序返回符号变量	compose(f,g,x,y)	计算复合函数 f(g(y)), x,y 分别为 f,g 的自变量
digits(d)	给出有效数字个数为 d 的近似值	num2str(f)	数值变量转换为字符变量
vpa(f,d)	计算 f 在精度为 d 位有效数字的解	str2num(f)	字符变量转换为数值变量
eval(s)	执行符号表达式 s		

```
>>syms x y z a b
>>f=(x+y)*(x+2*y);collect(f)
ans =
x^2+3*y*x+2*y^2
>>g=(a+b)*(a+2*b);collect(g)
ans =
2*b^2+3*a*b+a^2
```

MATLAB 软件将 x 视为默认的变量. 如果没有 x, 将最靠近 x 的字母视为变量. 因此对 g 展开时, 按照变量 b 进行排列.

```
>>u=sym('(a-b)^2');a=x+y;b=z;v=subs(u)
v =
(x+y-z)^2
>>[n,d]=numden(x/y+y/x)
n =
x^2+y^2
d =
y*x
```

2.7 M 文件与函数的定义

MATLAB 中有两种工作模式, 一种是直接交互的命令行模式, 例如在前面所举的例子中, 所有的命令都是在命令窗口输入, 然后按回车键执行命令. 如果程序比较长, 或数据量比较大, 在命令窗口输入是不方便的. MATLAB 提供了另一种工作模式: 文件驱动模式.

文件驱动模式, 即将所要执行的命令语句存放在一个后缀为 ".m" 的文件中 (一般称为 M 文件), 在命令窗口可以调用该文件, 执行其中的命令.

在 MATLAB 菜单栏中依次单击 "File"-"New"-"M-file" 即可创建并编辑一个 M 文件.

在 MATLAB 的 "current directory" 窗口 (在默认设置下, 该窗口位于菜单栏下方的右边), 我们可以设置当前的文件夹. 如果我们将 M 文件存放于当前文件夹或 MATLAB 设置好的搜索文件夹中, 即可调用该文件.

一般地, M 文件的窗口如图 0.8 所示.

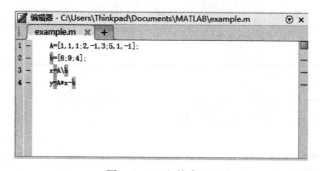

图 0.8 M 文件窗口

1. 程序文件

程序文件包含了一连串的 MATLAB 命令, 调用该文件时, 这些命令会依次得到执行.

例 27 设置当前文件夹为 "d:\user", 并在该文件夹下建立 "pro1.m" 文件, 其文件内容为

```
x=1:2
y=x .^2
sum(y) %求各个元素之和
```

在命令窗口输入 "pro1", 即可执行 "pro1.m" 文件中的命令, 得到的结果为 5.

2. 函数文件

函数文件可以看作定义复杂函数的一种方式, 可以接受参数, 也可以返回参数. MATLAB 软件附带了许多函数文件, 以实现特定的功能.

函数文件的第一行必须包含关键词 "function" 以及输入变量、输出变量、函数名, 最后一行可以用 end 结束, 也可以省略 end.

例 28 下面的程序求两个数的和、差、积、商.

```
function [h,c,j,s]=g(x,y)
h=x+y;
c=x-y;
j=x*y;
s=x/y;
end %end可以省略
```

将其存到当前文件夹的 "g.m" 中. 若在命令窗口执行 [h,c,j,s]=g(4,5) 就可以分别求出 4 与 5 的和、差、积、商.

例 29 下面的程序用来检验一个正整数是否可以写成两个素数的和. 如果正整数 x 不能写成两个素数的和, 则输出一个空集; 若正整数 x 能写成两个素数的和, 则输出两个素数构成的集合, 这两个素数的和为 x.

```
function s=f(x)
m=2;n=floor(x/2);s=[];
while isempty(s) && m<=n
    if isprime(m) && isprime(x-m)
        s=[m,x-m];
    end
    m=m+1;
end
```

将上面的程序存到当前文件夹的 "f.m" 文件中. 若在命令窗口执行 f(18), 得到的两个数分别为 5 与 13; 若执行 f(11), 得到的为空集.

3. 函数的其他定义方式

(1) 内联函数定义.

一些比较简单的函数, 在 MATLAB 软件中还有其他的定义方式, 可以不保存为 M 文件, 及时定义及时使用便可.

最简单的函数命令形式为

```
f=inline('函数表达式')
```

这样定义的函数为内联函数.

例 30   >>f=inline('x^2+y^2');f(1,2)

ans =
        5

内联函数与前面利用 M 文件定义的函数用法有所不同, 内联函数本质上是字符串.

(2) 匿名函数定义.

比较简单的函数也可以定义为匿名函数, 其基本格式为

f=@(变量列表)函数内容

因而, 例 30 的函数也可以定义为

f=@(x,y)x^2+y^2

2.8   程序流程控制

1. 分支结构

在复杂的计算中常需要根据表达式的情况 (它是否满足一些条件) 确定是否做某些处理, 或在满足不同的条件时做不同的处理. MATLAB 软件提供了描述条件分支的结构, 它们常用在程序里, 用于控制程序的执行过程.

最常见的分支结构用 if 语句来实现. 其最简单的形式为

```
if expression
    (commands)
end
```

如果表达式为真, 则执行组命令 commands, 否则跳过.

如果有两个选择, 采用以下形式:

```
if expression                   %判断条件
    (commands1)                 %条件为真时执行
else
    (commands2)                 %条件为假时执行
end
```

如果选项多于两个, 采用下面的形式:

```
if expression1                  %判断条件1
        (commands1)             %条件1为真时执行, 跳出分支结构
elseif expression2
        (commands2)
```

```
                        %条件1为假，条件2为真时执行，跳出分支结构
……
else
              (commands2)              %前面所有表达式为假时执行
end
```

例 31 定义符号函数 $h(x) = \begin{cases} 1, & x > 0, \\ 0, & x = 0, \\ -1, & x < 0. \end{cases}$ 其函数文件如下：

```
function y=h(x)
if x>0
  y=1
elseif x==0
  y=0
else
  y=-1
end
```

2. 循环结构

高级程序设计语言都提供了描述重复执行的循环语句. 在 MATLAB 软件中也提供了一些类似的循环控制结构.

(1) for 循环.

for 循环的循环次数一般是已知的, 其格式如下：

```
for x=array              %x为循环变量
    commands             %组命令commands是循环体
end
```

例 32 下面的程序可用来计算 $\sum\limits_{k=1}^{20} k$ 与 20!.

```
s=0;p=1;
for k=1:20
    s=s+k;
    p=p*k;
end;
disp(['s=',num2str(s),',p=',num2str(p)])
```

结果显示为

```
s=210,p=2432902008176640000
```

注: disp 命令在屏幕上显示数组, num2str 命令将数值转化为字符串.

(2) while 循环.

若循环次数事先不确定, 循环是用某个条件来控制的, 可以用 while 循环来实现, 其格式如下:

```
while expression        %判断条件
        commands        %组命令commands是循环体
                        %只要条件为真，循环体即反复执行，直到条
                           件为假
    end
```

例 33 数列 $\{x_n\}$ 满足 $x_0 = 1, x_{n+1} = \dfrac{1}{2}\left(x_n + \dfrac{2}{x_n}\right)$, 可以证明该数列极限为 $\sqrt{2}$. 试求出 n, 使得 $|x_n - \sqrt{2}| < 10^{-8}$.

该程序的循环次数事先是不可能知道的, 我们可以用下面的程序来实现:

```
format long;        %显示格式命令，小数点后15位数字表示
x=1;stopc=1;eps=1e-8;n=0;
while stopc>eps
    x=(x+2/x)/2;n=n+1;
    stopc=abs(x-sqrt(2));
end
n
x
```

其结果为

```
n=
    4
x=
    1.414213562374690
```

2.9 输入输出命令

1. 键盘输入命令 input

在运行程序时, 有时变量不事先给定, 而是在运行过程中给出, 我们可以用 input 命令来实现. 其基本格式为 r=input('提示符').

例如, 在例 33 的程序中, 将 eps=1e-8 改为 eps=input('eps='). 执行该程序, 命令窗口会出现 "eps=" 的提示, 此时即可输入一个数, 比如 1e-12, 程序继续运行, 得到 n 的值为 5.

2. 屏幕输出命令 disp

disp 命令用来输出变量的值, 可以是数字或字符串.

例 34 >>a=1;b=2.5;

```
disp([a,b]),
disp(['a=',num2str(a),' b=',num2str(b)])
```

运行结果为

```
1.0000    2.5000
a=1   b=2.5
```

3. 格式输出命令 fprintf

fprintf 命令用来对数据进行格式输出. 其一般格式为

```
fprintf(fid, format, A, ...)
```

其中, fid 为文件名, format 是输出格式, A 等是输出变量. 若缺省 fid, 则在命令窗口输出.

例 35 >>a=1;b=2.5;fprintf('a=%5i,b=%10.3f',a,b)

输出的结果为

```
a=1,b=2.500
```

常见的集中输出控制符:

i (整数输出, 前面有数字则表示输出位数);

e (科学计数法输出);

f (浮点输出, 前面有数字则表示输出位数和小数点后的位数);

g (e 与 f 的结合, 根据情况决定输出格式);

\n(换行符).

4. 文件建立与关闭命令 fopen 与 fclose

如果要存储大量的数据, 我们可以建立一个文件来存储数据.

例 36 下面的命令首先产生一个矩阵, 然后将其存入一个文件, 最后显示该文件的内容.

```
x = 0:0.2:1;
y = [x; exp(x)];
fid = fopen('a.txt', 'wt');
fprintf(fid, '%6.2f %12.8f\n', y);
fclose(fid);
type a.txt      %显示文件内容
```

以下为屏幕显示的内容:

```
0.00    1.00000000
0.20    1.22140276
0.40    1.49182470
0.60    1.82211880
0.80    2.22554093
1.00    2.71828183
```

5. 格式读入命令 fscanf

fscanf 命令用来对数据进行格式读入. 其一般格式为

```
fscanf(fid, format, size)
```

其中, fid 为文件名, format 是输出格式, size 表示数据的多少.

例 37 下面的程序将 a.txt 文件的内容读入到矩阵 b 中.

```
fid = fopen('a.txt', 'r');
b = fscanf(fid, '%g %g', [2 inf]);
b = b'
fclose(fid);
```

6. 文件读入命令 load

利用 load 命令可以很方便地将文件中的内容读入.

例 38 执行 load a.txt 命令可以直接将 a.txt 文件中的数据读入到矩阵 a 中.

2.10 窗口、文件、系统命令

MATLAB 软件提供了一些命令对文件、窗口等进行操作. 表 0.7 列出了常用的一些命令. 例如 clc 命令可以将当前的命令窗口中所有的内容清除. 再例如我们记得某个 MATLAB 的命令的名称, 比如 sum, 但是不记得它的用法, 我们可以用 help sum 来查找该命令的使用格式与意义.

例 39 下面的命令以当前时间的秒数为种子产生随机数. 每次重新启动 MATLAB 时, 产生的随机数是一致的. 该命令提供了一种产生不同随机数的方法.

```
u=clock;rand('seed',u(6));rand;
```

表 0.7   常用的窗口、文件、系统命令

命令	说明
dir	列出当前文件夹下的文件与子文件夹
diary	创建系统命令与计算结果的日志文件
diary ('filename')	创建指定文件名的日志文件
diary off	暂停执行 diary 命令
who	列出工作空间中的变量名称
whos	列出工作空间中的变量的详细内容
save filename x y	将变量 x,y 存入指定的文件
clear	清除所有变量
clear x y	清除名为 x, y 的变量
clc	清除命令窗口的所有显示内容
clf	清除图形窗口的所有内容
help name	查找命令的使用方法
fopen('file')	打开一个文件
fclose('file')	关闭一个文件
tic	开始计时
toc	给出 tic 开始计时到此刻的时间
clock	给出 6 个数的行向量, 分别是当前的年、月、日、时、分、秒

表 0.8 列出了常用的键盘操作和快捷键用法.

表 0.8   常用的键盘操作和快捷键用法

键盘按钮和快捷键	说明
↑(Ctrl + p)	调用上一行
↓(Ctrl + n)	调用下一行
←(Ctrl + b)	光标左移一字符
→(Ctrl + f)	光标右移一字符
Ctrl +←	光标左移一单词
Ctrl +→	光标右移一单词
Ctrl + r	转换为注解
Ctrl + t	去除注解
Home(Ctrl + a)	光标置于行开头
End(Ctrl + e)	光标置于行结尾
Esc(Ctrl + u)	清除当前输入行
Del(Ctrl + d)	删除光标处字符
Backspace(Ctrl + h)	删除光标前字符
Alt + BackSpace	恢复上一次删除
Ctrl+c	终止当前运行的程序

实验一　MATLAB 软件的使用

【实验目的】
(1) 用 MATLAB 软件进行各种数学处理;

(2) 用 MATLAB 软件进行作图;

(3) 用 MATLAB 软件编写程序.

§1　初　等　代　数

1.1　一元多项式的运算

在 MATLAB 中, 一元多项式可以用一个行向量来表示, 即多项式的系数按照变量的指数降序排列得到的向量. 比如, 多项式 $2x^4 + 3x^2 - x + 1$ 用向量 $[2\ 0\ 3\ -1\ 1]$ 来表示. 表 1.1 列出了一元多项式的常用命令.

表 1.1　一元多项式的常用命令

命令	说明
roots(p)	求多项式的根
poly(p)	以 p 中元素为根的多项式
polyval(p,x)	多项式 p 在 x 处的取值
polyder(p)	多项式 p 的导函数
[r,p,k]=residue(x,y)	求 x/y 的部分分式分解
conv(x,y)	多项式 x,y 的乘积
deconv(x,y)	多项式 x 除以 y

```
>> p=[1,0,-1,-6];r=roots(p)
r =
   2.0000
  -1.0000 + 1.4142i
  -1.0000 - 1.4142i
>>poly([1,2])
ans =
     1    -3     2
>>[r,p,k]=residue([1,2,3,4],[1,-3,2])
r =
```

26

```
     -10
p =
     2
     1
k =
     1   5
```

结果说明 $\dfrac{x^3 + 2x^2 + 3x + 4}{x^2 - 3x + 2} = x + 5 + \dfrac{26}{x - 2} - \dfrac{10}{x - 1}$.

1.2 方程求解

在 MATLAB 软件中, 方程求解的常用命令见表 1.2, 其中有些命令在新版 MATLAB 软件中需要单独安装工具包才可以使用.

表 1.2 方程 (组) 求解的常用命令

命令	说明
roots(p)	以 p 为系数的一元多项式方程的根
solve(s)	对一个方程的默认变量求解
solve(s,v)	对一个方程的指定变量求解
solve(s1,s2,···,sn)	对 n 个方程的默认变量求解
solve(s1,s2,···,sn,v1,v2,···,vn)	对 n 个方程的指定变量求解
fzero(fun,x0)	对一元方程 fun, 以 x0 为初值求近似解
fsolve(funs,x0)	对方程组 funs, 以向量 x0 为初值求近似解

```
>>syms a b c x
>>s=a*x^2+b*x+c; solve(s)
ans =
-1/2*(b-(b^2-4*a*c)^(1/2))/a
    -1/2*(b+(b^2-4*a*c)^(1/2))/a
>>q=solve('sin(x)-cos(x)') %求解方程sin(x)-cos(x)=0
q =
    1/4*pi
>> s=solve('a*u^2 + v^2','u - v = 1','a,u')
s =
    a: [1x1 sym]
    u: [1x1 sym]
>>s.a    %给出上面的解中a的值
ans =
    -v^2/(v^2+2*v+1)
>> fzero(@sin,3) %以3为初值, 求方程sin(x)=0的根
```

```
ans =
    3.1416
```

可以用命令 `fzero(@fun,x0)` 求解文件 "`fun.m`" 所定义的函数的根.

如果求解复杂的方程, 可以先画出图形, 观察方程解的大致位置, 选取合适初值后再用 `fzero` 或者 `fsolve` 求解. 例如对于方程

$$5x - \mathrm{e}^x = 0$$

可以用命令 `ezplot('5*x-exp(x)',[-3,4]),grid on` 画出图形, 如图 1.1 所示.

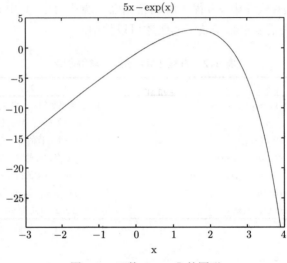

图 1.1　函数 $5x - \mathrm{e}^x$ 的图形

从图 1.1 可以看出方程 $5x - \mathrm{e}^x = 0$ 在 $[-3,4]$ 范围内有两个解, 一个解在 0.5 附近, 另一个解在 2.5 附近. 用命令:

```
>> fzero('5*x-exp(x)',0.5)
ans =
    0.2592
```

可以求出一个解为 `0.2592`. 用命令:

```
>> fzero('5*x-exp(x)',2.5)
ans =
    2.5426
```

可以求出另一个解为 `2.5426`.

§2 微 积 分

用Matlab
求微积分

微积分的常用命令如表 1.3 所示, 下面是一些例子, 在执行微积分的运算之前, 一般要将相关的变量定义为符号变量.

表 1.3   微积分的常用命令

命令	说明
limit(f)	求极限 $\lim\limits_{x \to 0} f(x)$
limit(f,x,a)	求极限 $\lim\limits_{x \to a} f(x)$
limit(f,x,inf)	求极限 $\lim\limits_{x \to \infty} f(x)$
limit(f,x,a,'right')	求极限 $\lim\limits_{x \to a^+} f(x)$
limit(f,x,a,'left')	求极限 $\lim\limits_{x \to a^-} f(x)$
x=fminbnd(f,a,b)	求函数 $f(x)$ 在区间 $[a,b]$ 上的最小值点
[x,fmin]=fminbnd(f,a,b)	求函数 $f(x)$ 在区间 $[a,b]$ 上的最小值点及最小值 $f_{\min}$
diff(f)	对 f 求导
diff(f,t)	求导 $\dfrac{\mathrm{d}f}{\mathrm{d}t}\left(\text{ 或求偏导 } \dfrac{\partial f}{\partial t}\right)$
diff(f,n)	对 f 求 n 阶导数
diff(f,t,n)	高阶导数 $\dfrac{\mathrm{d}^n f}{\mathrm{d}t^n}\left(\text{ 或 } \dfrac{\partial^n f}{\partial t^n}\right)$
int(f,t)	不定积分 $\displaystyle\int f(t)\mathrm{d}t$
int(f,t,a,b)	定积分 $\displaystyle\int_a^b f(t)\mathrm{d}t$
quad(f,a,b)	求积分的近似值
dblquad(f,xmin,xmax,ymin,ymax)	求二重积分的近似值
taylor(f,x,'Order',n,'ExpansionPoint',a)	在 $x = a$ 处将 f 展开到 $n-1$ 阶 Taylor 级数, 若在原点展开, 则可省略 n 之后的项: ,'ExpansionPoint', a
dsolve('eqn','con','v')	关于变量 v 在初值条件 con 下求解微分方程

```
>>syms x n
>>limit(sin(x)/x,x)
ans =
1
>>diff(sin(n*x),x)
ans=
cos(n*x)*n
>> diff(sin(n*x),x,3)
ans=
-cos(n*x)*n^3
>> int(log(x))
```

```
ans=
x*log(x)-x
>> quad(@(x) 4./(1+x.^2),0,1)
                    %求4/(1+x^2)在[0,1]上积分的近似值
ans=
3.1416
>>dsolve('Dy-y=1')
ans =
-1+exp(t)*C1
>>dsolve('Dy-y=1','y(0)=1')
ans =
-1+2*exp(t)
>>f=exp(x);taylor(f,4)
ans =
1+x+1/2*x^2+1/6*x^3
```

已知 $xy\mathrm{e}^{x+y}=1$, 可以用如下命令求出 $\dfrac{\mathrm{d}y}{\mathrm{d}x}$:

```
>>syms x y
>>f=x*y*exp(x+y)-1;
>>-diff(f,x)/diff(f,y)
ans =
-(y*exp(x+y)+x*y*exp(x+y))/(x*exp(x+y)+x*y*exp(x+y))
```

§3　线 性 代 数

向量和矩阵在线性代数中有重要的作用, 表 0.5 列出了向量和矩阵的常用计算命令, 例如,

```
>>A=[1,2;8,7];inv(A)
ans =
    -0.7778    0.2222
     0.8889   -0.1111
>>[P,D]=eig(A)
P =
    -0.7071   -0.2425
     0.7071   -0.9701
D =
    -1        0
     0        9
```

```
>>B=sym([1,2;8,7]);inv(B)        %采用符号计算, 得到精确结果
ans =
    [-7/9,  2/9]
    [ 8/9, -1/9]
>>[P,D]=eig(B)
P =
   [-1,  1]
   [ 1,  4]
D =
   [-1,  0]
   [ 0,  9]
```

在线性代数中, 许多问题都可以借助 MATLAB 软件来求解, 例如求矩阵 A 的行最简形可以用命令 [Q,k]=rref(A), 在返回结果中, 矩阵 Q 为 A 的行最简形, 向量 k 由行最简形矩阵每个非零行首 1 元素所在列的指标构成. 表 1.4 给出了线性代数中常用的一些命令.

表 1.4　线性代数的常用命令

命令	说明
[Q,k]=rref(A)	返回 A 的行最简形矩阵及非零行首 1 元素所在列的指标组成的向量
B=orth(A)	B 的列向量为矩阵 A 的列向量生成的向量空间的正交基
B=null(A)	B 的列向量为 AX=0 的规范正交的基础解系
B=null(A,'r')	B 的列向量为 AX=0 的有理数形式的基础解系
poly(A)	矩阵 A 的特征多项式
f(A)	将函数 f(x) 作用于矩阵 A 的每一个元素

```
>>A=[2,3,9;6,5,1;10,11,19];[Q,k]=rref(A)
Q =
    1.0000         0   -5.2500
         0    1.0000    6.5000
         0         0         0
k =
    1     2
>>log(A)
ans =
    0.6931    1.0986    2.1972
    1.7918    1.6094         0
    2.3026    2.3979    2.9444
```

§4　计 算 方 法

4.1　插值

一元函数插值命令:

$$yi =interp1(x,y,xi,method)$$

其中, x 为自变量数组, y 为因变量数组, xi 为待求值的参数, method 为插值方法.

```
>>x=0:0.1:2;y=sin(x);
>>xi=0:0.01:2;yi=interp1(x,y,xi,'spline')
```

上面的语句给出了 sin(x) 在 0, 0.1, 0.2, ···, 2 处的函数值, 利用这些函数值进行三次样条插值, 最后的 yi 表示插值函数在 xi=0:0.01:2 这一数组上的取值.

在数组 xi 上 sin(x) 的取值与 yi 之间的误差可以通过下面的语句画图表示.

```
>>zi=sin(xi);plot(xi,zi-yi)
```

由图 1.2 可以看出, 插值的误差相当小 (数量级为 10^{-6}).

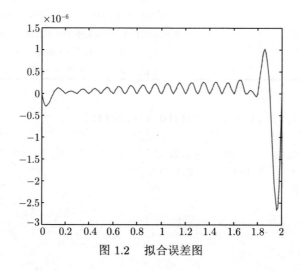

图 1.2　拟合误差图

4.2　拟合

下面的命令用来对数据多项式最小二乘拟合:

$$polyfit(x,y,n)$$

其中, x 为要拟合的数据的自变量, y 为要拟合的数据的因变量, n 为拟合多项式的次数.

```
>>x=1:10;y=log(x);f=polyfit(x,y,2)
f =
    -0.0272    0.5297    -0.3554
```

结果表明拟合函数为 $f(x) = -0.0272x^2 + 0.5297x - 0.3554$.

```
>>z=polyval(f,x);plot(x,y,'*',x,z,'-') % 图 1.3
```

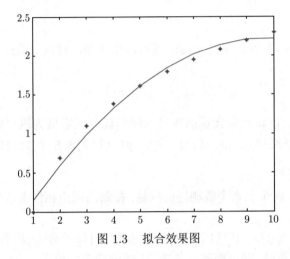

图 1.3 拟合效果图

4.3 最优化

下面的命令用来求函数 fun 在 x0 附近的极小值:

$$\text{fminsearch(fun,x0)}$$

```
>>[x,y]=fminsearch(@(x)sin(x),5)
 %求sin(x)在5附近的最小值
x =
    4.7124
y =
    -1.0000
```

下面的命令用来求函数 fun 在 [x1,x2] 上的最小值点:

$$\text{fminbnd(fun,x1,x2)}$$

```
>>[x,y]=fminbnd(@(x)cos(x),0,5)
 %求cos(x)在[0,5]上的最小值
x =
    3.1416
y =
   -1.0000
```

§5　MATLAB 软件中的作图

5.1　二维作图

二维作图最基本的命令是 plot, 它可以用来绘制线段、曲线、参数方程曲线等函数图形.

1. plot(y)

y 是实向量, 以该向量元素的序号为横坐标、元素值为纵坐标的一条连续曲线, 即用线段顺序连接点 (i,y(i)). 命令 plot([2,3,5,7,11,13]) 得到图 1.4.

2. plot(x,y)

其中 x,y 是两个元素个数相同的向量, 得到的图形相当于用线段顺序连接点 (x(i),y(i)).

绘制一个函数 $f(x)$ 在区间 $[a,b]$ 上的图形, 可以等分 $[a,b]$ 得到向量 x, 再给出对应的函数值向量, 即可绘制函数图. 下面的命令给出了 $\sin(x)$ 在 $[0,2\pi]$ 上的图形:

x=0:pi/50:2*pi;y=sin(x);plot(x,y) %图1.5

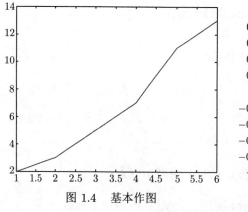

图 1.4　基本作图

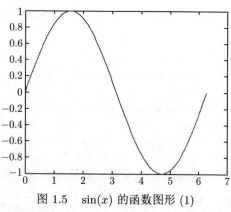

图 1.5　$\sin(x)$ 的函数图形 (1)

在绘制图形时, 允许使用选项对绘制图形的细节提出各种要求和设置. 如果不设置任何选项, 则 MATLAB 软件作图时选项取默认值.

```
x=0:pi/50:2*pi;y=sin(x);plot(x,y,'k*') %图1.6
plot(x,y,'r-s') %图1.7,实际图形是红色的
```

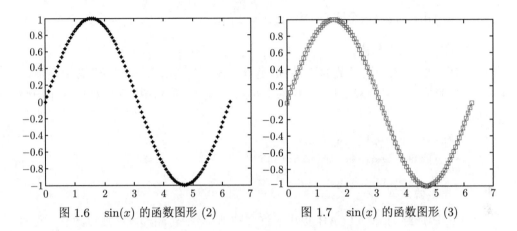

图 1.6　$\sin(x)$ 的函数图形 (2)　　　　　图 1.7　$\sin(x)$ 的函数图形 (3)

plot 语句的各种常用的选项如表 1.5 所示.

表 1.5　plot 语句的各种常用的选项

颜色		线型		数据点形	
符号	含义	符号	含义	符号	含义
y	黄	—	实线	.	实心点
m	紫	:	虚线	o	圆圈
c	青	—.	点划线	x	叉字符
r	红	——	双划线	+	十字符
g	绿			*	星号符
b	蓝			s	方块符
w	白			d	菱形符
k	黑			v	向下三角符
				^	向上三角符
				<	向左三角符
				>	向右三角符
				p	五角星符
				h	六角形符

3. plot(x1,y1,'s1',x2,y2,'s2',⋯)

用该命令可以绘制多条曲线. 相当于 plot(x1,y1,'s1'),plot(x2,y2,'s2') 等图形一起显示. 其中, 's1','s2' 等为选项.

```
t=0:pi/50:2*pi;
x1=cos(t);y1=sin(t);
x2=2*cos(t);y2=2*sin(t);
x3=3*cos(t);y3=3*sin(t);
plot(x1,y1,x2,y2,x3,y3)
```

上面的语句画出三个同心 (椭) 圆 (图 1.8).

4. plot(X,Y,'s')

其中, X, Y 为相同维数的 $m \times n$ 矩阵. 该命令画出 n 条曲线, 第 i 条曲线由 X, Y 的第 i 列向量来绘制. 下面的语句画出的图形是和图 1.8 一样的三个同心 (椭) 圆:

```
t=[0:pi/50:2*pi]';u=1:3;
X=cos(t)*u;Y=sin(t)*u;plot(X,Y)
```

5. 图形的控制

针对图形绘制, MATLAB 提供了许多控制命令, 对图形风格加以改善. 比如上面的例子中显示的是椭圆, 而不是圆. 我们只要再执行语句

```
>> axis image
```

就可以使得画出的确实是三个同心圆, 且坐标框紧贴数据范围 (图 1.9).

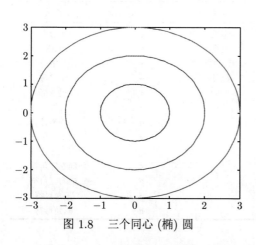

图 1.8　三个同心 (椭) 圆

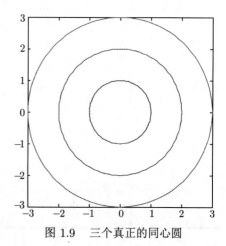

图 1.9　三个真正的同心圆

表 1.6 给出了常用的图形控制命令.

表 1.6   常用的图形控制命令

命令	含义
h=plot(x1,y1,x2,y2)	画图命令
set(h,'LineWidth',x,{'LineStyle'},{'a';'b'})	设置图像 h 的线宽值为 x, 线型分别为 a,b
legend(h,'string1','string2',...,n)	设置图像 h 中每条线的图例名称, n 表示图例 显示的位置, 如 n = 1 图例位于右上角
axis auto	坐标轴缺省设置
axis equal	纵、横轴采用相等单位长度
axis image	纵、横轴采用相等单位长度, 且坐标框紧贴数据范围
axis on	使用轴背景
axis off	取消轴背景
axis([x1 x2 y1 y2])	设定坐标范围
grid on	画出网格线
grid off	不画网格线
hold on	使以后图形画在当前图形上
hold off	使以后图形不画在当前图形上
title('name')	标示图名
xlabel('xtext')	横坐标轴名
ylabel('ytext')	纵坐标轴名
figure	另开图形窗口
subplot(m,n,k)	使 m×n 幅子图的第 k 幅成为当前图

下面的语句给出了 $y = \sin(x)$ 的四个不同的图形 (图 1.10).

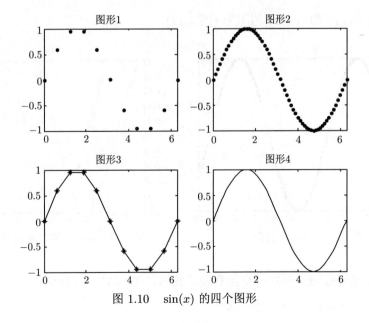

图 1.10 $\sin(x)$ 的四个图形

```
x1=0:pi/10:2*pi;y1=sin(x1);
x2=0:pi/100:2*pi;y2=sin(x2);
subplot(2,2,1),plot(x1,y1,'k.'),
axis([0,2*pi,-1,1]),title('图形1');
subplot(2,2,2),plot(x2,y2,'k.'),
axis([0,2*pi,-1,1]),title('图形2');
subplot(2,2,3),plot(x1,y1,'k-*'),
axis([0,2*pi,-1,1]),title('图形3');
subplot(2,2,4),plot(x2,y2,'k.'),
axis([0,2*pi,-1,1]),title('图形4');
```

6. fplot(@(x)f(x),[a,b])

对于 MATLAB 软件中已定义的函数或者在 M 文件中用 function 命令定义的函数, 可以用 fplot 命令绘图. 例如, 利用如下命令:

```
>> fplot(@(x)sin(x),[0,10],'k-*')
```

可以得到 $\sin(x)$ 在 [0,10] 上的图形 (图 1.11).

如果要同时画出多个函数的图像, 可以调用命令:

```
fplot(@(x)[f1(x),f2(x),...],[a,b])
```

例如, 可以用命令:

```
>> fplot(@(x)[sin(x),cos(x)],[0,10])
```

同时画出 $\sin(x)$ 和 $\cos(x)$ 的图形 (图 1.12).

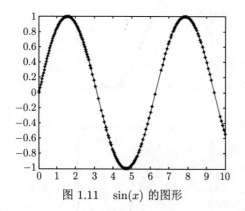

图 1.11　$\sin(x)$ 的图形

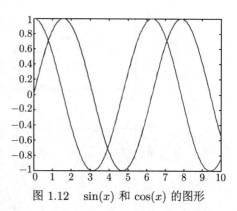

图 1.12　$\sin(x)$ 和 $\cos(x)$ 的图形

fplot 命令还可以画出一个函数表达式的图像. 例如, 用命令:

```
>>fplot(@(x)x.^2-1,[-6,6])
```

需要注意的是, 较新版本的 MATLAB 软件需要把函数表达式向量化.

7. ezplot('f',[xmin,xmax])

用 ezplot('f',[xmin,xmax]) 可以画出 f 在 [xmin,xmax] 上的图形, 其中 f 是字符串或者函数的符号表达式. 例如, 用命令:

>>ezplot('x^2-1',[-6,6])

也可以画出图 1.13.

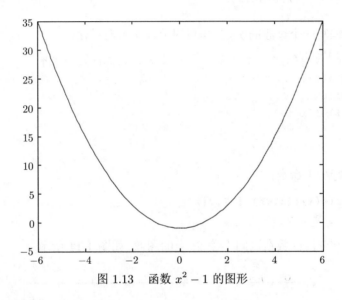

图 1.13   函数 $x^2 - 1$ 的图形

对于二元函数 f, 画出 f=0 确定的隐函数在指定范围内的图形可以用命令:

ezplot(fun',[xmin,xmax,ymin,ymax])

下面的命令画出的是双曲线, 请读者自己实现.

>>ezplot('x^2-2*y^2-1',[-6,6,-4,4])

8. 分段函数作图

在较新的 MATLAB 版本中, 由于 fplot 命令在作图中的向量化问题, 一些分段函数无法直接画出, 需要一个中间向量化的函数作为过渡. 例如, 画出分段函数:

$$y = f(x) = \begin{cases} 2x, & x \geqslant 1, \\ 2 - \sin(5\pi x), & -1 < x < 1, \\ -2x, & x \leqslant 1 \end{cases}$$

在区间 $[-2,2]$ 上的图像, 我们需要先编写函数:

```
function y=f(x) %分段函数文件
if x>=1
y=2*x;
elseif x>-1&&x<1
y=2-sin(5*pi*x);
else
y=-2*x;
end
```

然后再编写一个过渡的函数, 用以对分段函数向量化:

```
function y=g(x,f)    %此函数是分段函数画图的过渡文件
n=length(x);
for i=1:n
    y(i)=f(x(i));
end
end
```

最后运行如下命令:

```
>>fplot(@(x)g(x,@f),[-2,2])
>>axis([-2 2 0 4])
```

即可得到分段函数在区间 $[-2,2]$ 上的图像, 如图 1.14 所示.

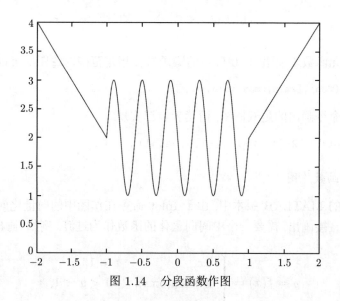

图 1.14   分段函数作图

5.2　三维曲线作图

1. plot3(x,y,z)

若 x, y, z 为相同长度的向量. 该命令在三维空间中生成一条曲线, 坐标对应于 x, y, z 的值. 若 x, y, z 为相同维数的矩阵, 则画出若干条空间曲线, 数目等于矩阵的列数.

```
t=-8:0.1:8;
x=6*cos(t);
y=6*sin(t);
z=3*t;
plot3(x,y,z);
grid on          %图1.15
```

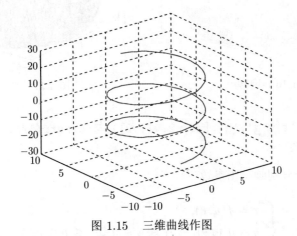

图 1.15　三维曲线作图

2. ezplot3('f','g','h',[t1,t2])

该命令画出空间曲线 $\begin{cases} x = f(t), \\ y = g(t), \quad (t_1 \leqslant t \leqslant t_2) \text{ 的图形.} \\ z = h(t) \end{cases}$

图 1.15 也可以由下面的语句画出:

```
ezplot3('6*cos(t)','6*sin(t)','3*t',[-8,8])
```

5.3　三维曲面作图

1. mesh(X,Y,Z) 与 surf(X,Y,Z)

三维曲面作图分为网格图和曲面图, 其命令分别用 mesh 与 surf 来实现. 其中 X,Y 分别是坐标格点矩阵, Z 是格点上的函数值.

以下语句画出函数 $\sin\sqrt{x^2+y^2}(-5 \leqslant x,y \leqslant 5)$ 的网线图与曲面图:

```
x=-5:0.2:5;y=x;
[X Y]=meshgrid(x,y);      %生成格点矩阵
Z=sin(sqrt(X.^2+Y.^2));
mesh(X,Y,Z); %图1.16.若改用surf(X,Y,Z)得到图1.17
```

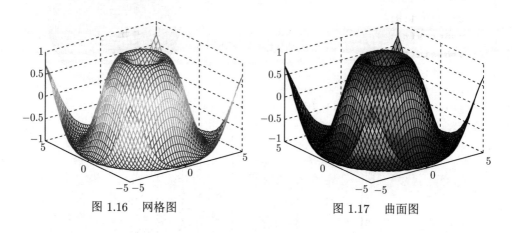

图 1.16　网格图　　　　　　　　图 1.17　曲面图

2. ezmesh('f','g','h',[u1,u2,v1,v2]) 与 ezsurf('f','g','h',[u1, u2,v1,v2])

这两个命令分别画出由参数方程

$$\begin{cases} x = f(u,v), \\ y = g(u,v), \quad u_1 \leqslant u \leqslant u_2, v_1 \leqslant v \leqslant v_2 \\ z = h(u,v), \end{cases}$$

给出的函数的网格图与曲面图. 例如下面的命令画出单位球面网格图:

```
ezmesh('cos(u)*cos(v)','sin(u)*cos(v)','sin(v)',[0,2*pi,-pi,
    pi]);axis equal; %图1.18
```

将上面语句的 ezmesh 换为 ezsurf 画出单位球面的曲面图 (图 1.19).

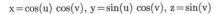

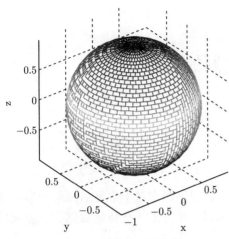

x＝cos(u) cos(v), y＝sin(u) cos(v), z＝sin(v)

图 1.18 单位球面网格图

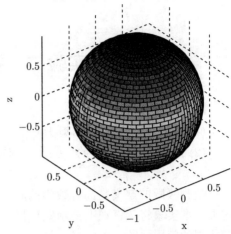

x＝cos(u) cos(v), y＝sin(u) cos(v), z＝sin(v)

图 1.19 单位球面曲面图

实验二 数列的极限

【实验目的】

(1) 加深对数列极限概念的认识;

(2) 解决与极限有关的一些实际问题.

数列极限的定义是高等数学的起点, 理解和掌握它对于学好后面的内容十分重要. 本实验将从直观上揭示数列极限的本质, 并讨论一些特殊数列的收敛问题和极限的应用问题.

§1 基 本 理 论

极限是整个高等数学的基石, 它是连续、可导、定积分、级数等概念的基础. 极限思想可追溯到我国古代. 战国时期道家学派代表人物庄子在《庄子·天下》中写道 "一尺之棰, 日取其半, 万世不竭", 形象地说明了事物具有无限可分性. 魏晋时期著名数学家刘徽在《九章算术注》中提出 "割圆术" 来求圆的面积和周长, 其原话 "割之弥细, 所失弥少, 割之又割以至于不可割, 则与圆合体而无所失矣" 可视为中国古代极限思想的佳作. 极限严格的数学定义, 由法国著名的数学家柯西 (Cauchy) 在 1821 年通过用不等式来刻画极限过程的方式给出, 后经德国数学家魏尔斯特拉斯 (Weierstrass) 改进, 发展成为现在所说的柯西极限定义. 下面我们给出数列极限的定义.

1.1 数列极限的定义

对于数列 $\{a_n\}_{n=1}^{+\infty}$ 和常数 A, 如果对任意的大于 0 的数 ε, 总存在自然数 N, 使得当 $n > N$ 时, 恒有不等式 $|a_n - A| < \varepsilon$ 成立, 则称常数 A 为数列 $\{a_n\}$ 的极限, 记为 $\lim\limits_{n \to \infty} a_n = A$.

1.2 数列极限存在准则

(1) 单调有界数列必有极限;

(2) 若对任意 $\varepsilon > 0$, 存在自然数 N, 使得当 $n, m > N$ 时, 恒有 $|a_n - a_m| < \varepsilon$ 成立, 则数列 $\{a_n\}$ 必收敛;

(3) 对数列 $\{x_n\}$, $\{y_n\}$, $\{z_n\}$, 如果对所有的 n, 不等式 $y_n \leqslant x_n \leqslant z_n$ 成立, 且 $\lim\limits_{n\to\infty} y_n = \lim\limits_{n\to\infty} z_n = A$, 则数列 $\{x_n\}$ 收敛, 且 $\lim\limits_{n\to\infty} x_n = A$.

§2　实验内容与练习

2.1　对极限定义的认识

极限概念的通俗说法是: 若当 n 充分大时, a_n 充分接近 A, 则 $\lim\limits_{n\to\infty} a_n = A$. 如何理解这句话呢? 现在我们以数列 $1, \sqrt{2}, \sqrt[3]{3}, \cdots, \sqrt[n]{n}, \cdots$ 为例来做些实验.

练习 1　用下面的语句观察数列 $\{\sqrt[n]{n}\}$ 的前 100 项变化情况:

```
n=1:100;
a=n.^(n.^(-1))
```

为了更清楚地观察其是否收敛, 读者可将项数增大一些.

对于该数列, 我们再用语句

```
plot(n,a,'.')
```

画出其散点图, 借助于图形来观察它的变化趋势. 其图形如图 2.1 所示.

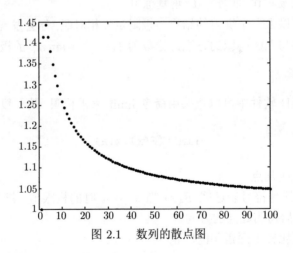

图 2.1　数列的散点图

从图 2.1 可看出, 这个数列似乎收敛于 1. 但如何说明它收敛于 1, 而不是收敛于大于 1 的某个数呢 (由 $\sqrt[n]{n} \geqslant 1$, 若极限存在, 则极限必不小于 1)?

设该数列收敛于 $A = 1 + u(u \geqslant 0)$, 我们取 $u = 10^{-2}$, 用程序来检查 $\sqrt[n]{n}$ 与 $A = 1 + u$ 接近的程度.

```
u=1e-02;
A=1+u;
```

```
m=5;
n=1;
an=1;
while abs(an-A)>=10^-m
    n=n+1;
    an=n^(1/n);
end
fprintf('A=%3.2f,n=%d,an=%10.9f,abs(an-A)=%8.7e\n',A,n,an,abs(an
    -A))
```

结果为

```
A=1.01,n=651,an=1.010001310,abs(an-A)=1.3098309e-006
```

这说明当 n=651, a_n=1.010001310 时, a_n 与 $1+10^{-2}$ 的距离小于 10^{-5}.

注: 上面的程序 fprintf 语句由于排版的原因写为两行, 实际编程时写为一行.

练习 2　编程判断数列 $\{\sqrt[n]{n}\}$ 中有多少项落在 $1+u$ 的 10^{-m} 邻域内? 当 n 充分大时, $\{\sqrt[n]{n}\}$ 还在该邻域内吗? 取 m 为其他的数重复上面的实验.

练习 3　取其他的 u(多取几个) 重复上面的实验.

练习 4　取 $u = 0$, 即 $A = 1$, 重复练习 2.

练习 5　将以上三个练习的结果与极限定义相对照, 你会发现什么?

练习 6　用与上面类似的方法讨论数列 $\{(-1)^n + \sin n\}$ 的极限是否存在.

2.2　极限的计算

在 MATLAB 软件中可以直接用命令 limit 来求极限, 其一般格式是

$$\texttt{limit(F(x),x,a)}$$

这里需要说明几点.

(1) 上式求的是符号表达式 $F(x)$ 当 $x \to a$ 时的极限值, 若要计算右极限或左极限, 可在 a 后指明趋向的方向.

练习 7　试比较下面语句的区别.

```
limit(exp(-1/x),x,0)
limit(exp(-1/x),x,0,'right')
limit(exp(-1/x),x,0,'left')
```

(2) 在试图求无穷振荡点处的极限时, limit 语句得到的是函数振荡时可能的取值范围.

练习 8　观察语句 limit(sin(1/x),x,0) 的结果.

练习 9 用 limit 命令求极限 $\lim\limits_{n\to\infty}\dfrac{(n+1)^{n+1}}{(n+2)n^n}$.

练习 10 用 limit 命令求下列极限:

$$\lim_{x\to 0}\frac{\sin x}{x},\quad \lim_{n\to\infty}n\sin\frac{1}{n},\quad \lim_{n\to\infty}\sqrt{n}\sin\frac{1}{\sqrt{n}},\quad \lim_{n\to\infty}\frac{n^2}{n+1}\sin\frac{n+1}{n^2}$$

并指出它们之间的关系.

练习 11 由上题的结果, 你能得到关于 "函数的极限与函数子列的极限" 的什么结论? 能否严格证明它?

2.3 一些数列的极限的讨论

设数列 $\{x_n\}$ 与 $\{y_n\}$ 由下式确定:

$$\begin{cases} x_1 = 1, \quad y_1 = 2, \\ x_{n+1} = \sqrt{x_n y_n}, \qquad n = 1, 2, \cdots \\ y_{n+1} = \dfrac{x_n + y_n}{2}, \end{cases} \tag{2.1}$$

$\{x_n\}$ 与 $\{y_n\}$ 的极限存在吗? 用 MATLAB 软件编出如下程序进行观察:

```
x=[1];y=[2];
for n=2:10
    x(n)=sqrt(x(n-1)*y(n-1));y(n)=(x(n-1)+y(n-1))/2;
end
[x;y]
```

运行该程序可判断出: $\{x_n\}$ 与 $\{y_n\}$ 有极限, 且这两个极限值相等, 都约等于 1.4568.

练习 12 严格证明上述结论.

已知数列 $\{x_n\}$, 由 $a_n = \dfrac{1}{n}(x_1+x_2+\cdots+x_n)(n=1,2,\cdots)$ 确定的数列 $\{a_n\}$ 称为数列 $\{x_n\}$ 的算术平均. 设 $\{x_n\}$ 由 (2.1) 式给出, 现在来观察数列 $\{a_n\}$ 有无极限, 编程如下:

```
x=[1];y=[2];a=[sum(x)];
for n=2:500
    x(n)=sqrt(x(n-1)*y(n-1));y(n)=(x(n-1)+y(n-1))/2;
    a(n)=sum(x)/n;
end
[x;a]
```

运行后的部分结果列成表 2.1.

表 **2.1**　数列与其算术平均数列

n	x_n	a_n	n	x_n	a_n
2	1.414	1.207	200	1.457	1.454
5	1.457	1.357	300	1.457	1.455
10	1.457	1.407	400	1.457	1.456
100	1.457	1.452	500	1.457	1.456

由计算结果可初步断定：该数列存在极限且与 $\{x_n\}$ 的极限相等. 即

$$\lim_{n\to\infty}\frac{1}{n}(x_1+x_2+\cdots+x_n)=\lim_{n\to\infty}x_n \tag{2.2}$$

画出这两个数列的散点图 (图 2.2), 我们可从几何上更清楚地看到这一结论.

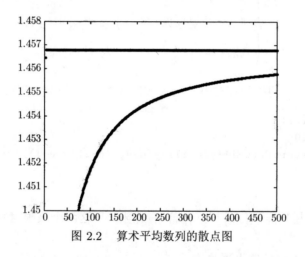

图 2.2　算术平均数列的散点图

　　虽然上面的两个数列收敛到同一个值, 但其收敛速度却有很大的区别. 由表 2.1 可知, 当 $n=500$ 时, $a_n=1.456$, 而在 $n=4$ 时, 已有 $x_n = 1.45679 \approx$ 极限值, 这说明 $\{a_n\}$ 的收敛速度要远远小于 $\{x_n\}$ 的收敛速度.

　　对于 (2.2) 式, 其实只要 $\{x_n\}$ 的极限存在, 它总是成立的. 下面给出其证明:

　　设 $\lim\limits_{n\to+\infty}x_n = a$, 则对任意 $\varepsilon > 0$, 存在 $N_1 > 0$ 使当 $n>N_1$ 时, 恒有不等式 $|x_n - a| < \dfrac{1}{2}\varepsilon$ 成立, 于是

$$\left|\frac{x_1+x_2+\cdots+x_n}{n}-a\right|$$

$$= \left| \frac{x_1 + x_2 + \cdots + x_{N_1} - N_1 a}{n} + \frac{(x_{N_1+1} - a) + (x_{N_1+2} - a) + \cdots + (x_n - a)}{n} \right|$$

$$< \left| \frac{x_1 + x_2 + \cdots + x_{N_1} - N_1 a}{n} \right| + \frac{n - N_1}{n} \cdot \frac{1}{2} \varepsilon$$

因 $x_1 + x_2 + \cdots + x_{N_1} - N_1 a$ 与 n 无关, 故存在 $N_2 > 0$, 使 $n > N_2$ 时恒有

$$\left| \frac{x_1 + x_2 + \cdots + x_{N_1} - N_1 a}{n} \right| < \frac{1}{2} \varepsilon$$

取 $N = \max(N_1, N_2)$, 则当 $n > N$ 时, 恒有

$$\left| \frac{x_1 + x_2 + \cdots + x_n}{n} - a \right| < \frac{1}{2} \varepsilon + \frac{n - N_1}{n} \cdot \frac{1}{2} \varepsilon < \frac{\varepsilon}{2} + \frac{\varepsilon}{2} = \varepsilon$$

故

$$\lim_{n \to \infty} \frac{1}{n} (x_1 + x_2 + \cdots + x_n) = a$$

该结论其实是 Stolz 定理的一个特例, Stolz 定理为: 对数列 $\{x_n\}$ 与 $\{y_n\}$, 若 $y_1 < y_2 < \cdots < y_n < \cdots$, 且 $\lim_{n \to +\infty} y_n = +\infty$, 又极限 $\lim_{n \to +\infty} \frac{x_{n+1} - x_n}{y_{n+1} - y_n} = l$(可为 $\pm\infty$), 则 $\lim_{n \to +\infty} \frac{x_n}{y_n} = l$.

练习 13 研究练习 6 中数列的算术平均构成的数列是否收敛.

上面我们讨论了数列的算术平均构成的数列的收敛性质, 那么几何平均构成的数列, 即数列 $\{a_n\}$ 的通项由 $a_n = \sqrt[n]{x_1 x_2 \cdots x_n}$ 给出, 有什么样的结论呢?

练习 14 若数列 $\{x_n\}$ 由 (2.1) 式所给, 观察数列 $\{\sqrt[n]{x_1 x_2 \cdots x_n}\}$ 有无极限, 若有极限, 与 $\lim_{n \to +\infty} x_n$ 相等吗? 严格证明你的结论.

练习 15 数列 $\{x_n\}$ 由 (2.1) 式所给, 观察数列 $\left\{ \frac{x_{n+1}}{x_n} \right\}$ 与 $\{\sqrt[n]{x_n}\}$ 有无极限, 若有极限, 这两个极限间存在什么关系? 并进行证明.

练习 16 观察数列 $\left\{ \frac{x_1 y_n + x_2 y_{n-1} + \cdots + x_n y_1}{n} \right\}$ 有无极限, 其中数列 $\{x_n\}$, $\{y_n\}$ 由 (2.1) 式所给. 若该数列有极限, 极限值为多少?

2.4 极限的应用

问题 1 在市场经济中存在这样的循环现象: 若去年的猪肉生产量供过于求, 猪肉的价格就会降低; 价格降低会使今年养猪者减少, 使今年猪肉生产量供不应求, 于是肉价上扬; 价格上扬又使明年猪肉产量增加, 造成新的供过于求 $\cdots\cdots$ 设

某地区前年的猪肉产量为 35 万吨, 肉价为 32.00 元/千克. 去年生产猪肉 40 万吨, 肉价为 28.00 元/千克. 已知今年的猪肉产量为 38 万吨, 若维持目前的消费水平与生产模式, 并假定猪肉产量与价格之间是线性关系, 问若干年以后猪肉的生产量与价格是否会趋于稳定? 若能够稳定, 请求出稳定的生产量和价格.

解 将今年作为第 1 年, 设第 n 年的猪肉生产量为 x_n, 猪肉价格为 y_n, 由于当年产量确定当年价格, 故 $y_n = f(x_n)$, 而当年价格又决定第二年的生产量, 故 $x_{n+1} = g(y_n)$. 由题设, 可令

$$f(x) = ax + b, \quad g(y) = cy + d$$

由前两年的猪肉产量与猪肉价格, 可得

$$\begin{cases} 32 = 35a + b, \\ 28 = 40a + b \end{cases}$$

解此方程组得 $a = -\dfrac{4}{5}$, $b = 60$;

同样, 由前年、去年的肉价与去年、今年的猪肉产量可知, 下列方程组成立

$$\begin{cases} 40 = 32c + d, \\ 38 = 28c + d \end{cases}$$

解之得 $c = \dfrac{1}{2}$, $d = 24$.

这样, 我们得出

$$f(x) = -\frac{4}{5}x + 60, \quad g(y) = \frac{1}{2}y + 24$$

练习 17 求出今年的肉价及明后两年的猪肉价格与产量.

练习 18 给出今年以后第 n 年猪肉价格与产量的一般表达式.

练习 19 猪肉价格与产量会稳定吗? 稳定值为多少?

下列程序求出了问题 1 今年开始 20 年内的猪肉产量与价格.

```
clear all
syms a b c d;
[a,b,c,d]=solve(32==35*a+b,28==40*a+b,40==32*c+d,38==28*c+d);
f=@(x)a*x+b;g=@(x)c*x+d;
x1=38;p=[];
for n=1:20
    y1=f(x1);p=[p,[x1;y1]]; x1=g(y1);
end
eval(p)
```

练习 20 运行该程序, 判断猪肉产量和猪肉价格哪一年开始稳定.

问题 1 中的函数 $y = f(x)$ 与 $x = g(y)$ 在经济学中分别被称为需求函数与供应函数. 一般来说, 这两个函数不一定是线性函数, 但需求函数 $y = f(x)$ 是单调减少函数, 而供应函数 $x = g(y)$ 是单调增加函数. 这是因为: 产量越高, 价格就越低, 而价格低, 生产者就会为避免损失而不愿生产, 这样产量就少; 另一方面, 在价格高时, 生产者见有利可图会加大生产, 造成产量增加.

产量与价格的关系过程如下

$$x_1 \to y_1 \to x_2 \to y_2 \to x_3 \to \cdots$$

需求函数与供应函数的图形呈现图 2.3 的形态.

图 2.3 中, 第一象限每一点的坐标都表示产量与价格的一种组合. 令点 P_1 坐标为 (x_1, y_1), P_2 坐标为 (x_2, y_1), P_3 坐标为 (x_2, y_2), P_4 坐标为 (x_3, y_2), $\cdots$, P_{2k-1} 坐标为 (x_k, y_k), P_{2k} 坐标为 $(x_{k+1}, y_k)(k= 1,2,\cdots)$. 将点列 $P_1, P_2, P_3, \cdots$ 描在平面直角坐标系中会发现 P_{2k} 都满足 $x = g(y)$, P_{2k-1} 都满足 $y = f(x)$. 依次连接 $P_1, P_2, P_3, \cdots$ 的有向折线恰好表示产量与价格的走势. 这种图形很像一个蛛网, 故被称为蛛网模型. 容易知道, 如果点 P_n 趋于两曲线的交点, 则产量与价格就趋向稳定. 两曲线的交点通常称为平衡点.

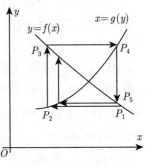

图 2.3 供求关系变化图

练习 21 计算问题 1 中需求曲线与供应曲线的交点坐标, 它们是否刚好就是稳定的猪肉产量与价格?

供求关系是否总趋于平衡呢? 不一定. 如果供应曲线与需求曲线如图 2.4 那样, 供求关系变化的结果将越来越偏离平衡点. 有时, 产量与价格也可能出现如图 2.5 那样循环的现象.

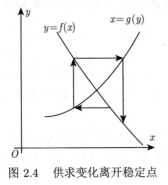

图 2.4 供求变化离开稳定点

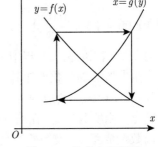

图 2.5 供求出现循环

练习 22   如果在问题 1 中, 将今年的猪肉产量改为 34 万吨, 会得到什么样的结论?

为什么会出现这些现象呢? 比较图 2.3、图 2.4、图 2.5 会发现: 当需求曲线比供应曲线平坦时, 供求关系就会趋向于平衡; 当需求曲线不如供应曲线平坦时, 供求关系离平衡点越来越远; 当两个曲线的平坦度相当时, 就可能使供求关系产生循环.

供求关系的平坦程度, 在经济学上是有一定含义的. 消费者若对价格有较强的承受能力, 并且在价格降低一点时就大量消费, 需求曲线就会比较平坦; 生产者若在市场价格较高时, 盲目扩大再生产, 使产量大大提高, 供应曲线就会平坦得多; 如果在市场价格较高时, 产量增幅不大, 供应曲线就陡峭一些.

在数学上, 可用曲线斜率的绝对值来度量一条曲线的平坦程度. 当 $|k_{求}| < |k_{供}|$ 时, 表示需求曲线比供应曲线平坦; 当 $|k_{求}| > |k_{供}|$ 时, 表示供应曲线比需求曲线平坦; 当 $|k_{求}| = |k_{供}|$ 时, 表示两条曲线的平坦程度相同.

练习 23   分析问题 1 中猪肉产量与价格会趋于稳定的原因.

练习 24   如果将问题 1 中的需求函数改为 $f(x) = \dfrac{a}{x} + b$ 的形式, 问猪肉产量与价格还会趋于稳定吗? 若能够稳定, 请求出稳定的产量和价格, 并分析产生这种结果的原因.

问题 2   某储户将一万元人民币以活期形式存入银行, 设年利率为 2%, 如果银行允许储户 1 年内可结算任意次, 在不计利息税的情况下, 问 1 年后该储户能获得的最大本息和为多少?

为了获得最大的本息, 储户每次到银行结算后, 都将本息全部存入银行. 如果该储户每月去银行结算一次, 月利率为 $\dfrac{1}{12} \times 0.02$, 第 1 个月后他的本息为 $10000 \times \left(1 + \dfrac{0.02}{12}\right)$; 第 2 个月后他的本息为 $10000 \times \left(1 + \dfrac{0.02}{12}\right)^2$; $\cdots$; 1 年后他的本息为 $10000 \times \left(1 + \dfrac{0.02}{12}\right)^{12}$. 如果他每隔 5 天结算一次, 1 年中共结算 73 次, 1 年后他有 $10000 \times \left(1 + \dfrac{0.02}{73}\right)^{73}$ 元.

练习 25   若该储户 1 年中等间隔地结算, 共结算 n 次, 那么 1 年后他的本息共是多少? 当结算次数增加时, 1 年后的本息是否也会增加? 若结算次数无限增加, 1 年后该储户因此会成为百万富翁吗?

问题 3   由实验知道, 在培养基充足等条件满足时, 细菌繁殖的速度与当时已有的细菌数量成正比, 设初始时刻细菌的数量为 A_0, 比例常数为 k, 问经过时间 t 以后细菌的数量是多少?

这个问题的困难之处在于细菌的数量和繁殖速度一直都在变化, 不能简单地用繁殖速度乘以时间来计算某时段内细菌繁殖出的数量, 但我们可以如下近似计算 t 时刻时细菌的总数量.

将时间间隔 $[0, t]$ 分成 n 等份, 由于细菌的繁殖是连续变化的, 在很短的一段时间内细菌数量的变化很小, 繁殖速度可近似看作不变, 因此, 在时间段 $\left[0, \dfrac{t}{n}\right]$ 内细菌繁殖的数量近似为 $kA_0\dfrac{t}{n}$, 时刻为 $\dfrac{t}{n}$ 时细菌的总数量近似为 $A_0\left(1+k\dfrac{t}{n}\right)$; 同样, 可计算出时刻为 $2\dfrac{t}{n}$ 时细菌的总数量近似为 $A_0\left(1+k\dfrac{t}{n}\right)^2$; $\cdots$; 依次类推便可以求出时刻为 t 时细菌的总数量.

练习 26 给出时刻为 t 时细菌总数量的近似值.

当时间间隔 $[0, t]$ 的等份数 n 越大时, 所计算出的细菌总数越接近精确值, 若 n 趋于无穷大, 就可求出其精确值.

练习 27 求出时刻为 t 时细菌总数量的精确值.

练习 28 某细菌的增长符合问题 3 给出的规律, 已知第 5 天时细菌的个数为 936, 第 10 天的个数为 2190, 问: (1) 开始时细菌的个数是多少? (2) 30 天后细菌的个数是多少?

思考题 空气通过盛有 CO_2 吸收剂的圆柱形器皿, 已知它吸收 CO_2 的量与 CO_2 的摩尔分数及吸收层厚度成正比. 今有 CO_2 含量为 8% 的空气, 通过厚度为 10 厘米的吸收层后, 其 CO_2 含量为 2%. 由于空气通过吸收层时, CO_2 的含量是逐渐减少的, 故计算被吸收层吸收掉的 CO_2 含量时, 不能直接用通过吸收层之前 CO_2 的含量乘以整个吸收层的厚度. 但可以将吸收层分成许多小薄层, 对于每个小薄层, 空气通过时, 其 CO_2 含量可近似看作不变, 这样就可用与解决问题 3 类似的方法计算被整个吸收层吸收的 CO_2 含量. 问:

(1) 若通过的吸收层厚度为 30 厘米, 出口处空气中 CO_2 的含量是多少?

(2) 若要使出口处空气中 CO_2 的含量为 1%, 其吸收层厚度应为多少?

§3 本实验涉及的 MATLAB 软件语句说明

1. `n=1:100; a=n.^(n.^(-1))`

这是矩阵的运算, n 为向量 $\{1, 2, \cdots, 100\}$, a 也是 100 维的向量, 其分量由 n 的分量通过计算 n^(1/n) 所得. 这里需要注意其计算格式.

2. `plot(n,a,'.')`

将向量 a 中的各数作为纵坐标, n 作为横坐标, 在同一图中画出各个点.

3. `fprintf('x100=%E,y100=%E\n',xn,yn)`

带格式的输出, 引号中的 %E 表示后面对应位置的数据以科学计数法输出, \n 是换行符, 引号中其他内容按原样输出.

4. `solve(32==35*a+b,28==40*a+b)`

求解符号方程组 $\begin{cases} 35a + b = 32, \\ 40a + b = 28. \end{cases}$

实验三 函数的最值与导数

【实验目的】

(1) 加深对导数的认识;

(2) 学会求函数最值的方法并能运用到实际问题中去.

在科研生产中, 经常遇到优化问题, 如资源的最优利用、企业职工岗位的最优安排等等, 在这类问题中, 要解决的最基本问题便是如何求函数的最值. 本实验我们将探讨求一元函数的最值问题, 并由此加深对导数概念的认识.

§1 基 本 理 论

1.1 极值与最值

如果函数 $f(x)$ 在 x_0 的一个邻域内有定义, 且对该邻域内除 x_0 外的任意一点 x, 恒有 $f(x) < f(x_0)$(或 $f(x) > f(x_0)$), 则称点 x_0 为函数 $f(x)$ 的一个极大值点 (或极小值点), $f(x_0)$ 称为极大值 (或极小值), 极大值点与极小值点统称为极值点, 极大值与极小值统称为极值.

设函数 $f(x)$ 在区间 $[a,b]$ 上有定义, 如果 $[a,b]$ 上有一点 x_0, 使得对 $[a,b]$ 上所有的 x, 恒有 $f(x) \leqslant f(x_0)$(或 $f(x) \geqslant f(x_0)$), 则称函数 $f(x)$ 在 $[a,b]$ 上有最大值 (或最小值), 最大值与最小值统称为最值, x_0 称为最值点.

若函数 $f(x)$ 在闭区间 $[a,b]$ 上连续, 则 $f(x)$ 在 $[a,b]$ 上能取到最大值与最小值; 若连续函数在闭区间上只有一个极值点, 则该极值点一定是函数的最值点.

1.2 函数的导数

导数来源于实际问题, 比如求曲线在某点处的斜率和变速直线运动中质点的瞬时速度等, 这些问题都可以刻画为某种变化率的极限, 并且最后得到的表示形式也完全相同, 当其存在时, 我们称之为导数, 具体定义如下.

设函数 $f(x)$ 在点 x_0 的某邻域内有定义, 若极限

$$\lim_{h \to 0} \frac{f(x_0 + h) - f(x_0)}{h}$$

存在, 则称此极限为函数 $f(x)$ 在点 x_0 处的导数, 记为 $f'(x_0)$, 即

$$f'(x_0) = \lim_{h \to 0} \frac{f(x_0 + h) - f(x_0)}{h}$$

我们可以通过求瞬时速度的问题来理解导数的定义. 设质点 O 做变速直线运动, t 时刻的位移函数为 $s(t)$. 由物理知识我们知道, 质点 O 在 t 时刻的瞬时速度 $v(t)$ 为位移函数 $s(t)$ 的导数. 实际上, 我们还可以通过下面的方式来求 $v(t)$. 设质点 O 从 t 时刻运动到 $t + \Delta t$ 时刻, 那么这段时间内质点运动的平均速度为

$$\frac{s(t + \Delta t) - s(t)}{\Delta t}.$$

当 Δt 比较小时, 这段时间内的平均速度近似等于 t 时刻的瞬时速度. 当 $\Delta t \to 0$ 时, 上式的极限值就是所求瞬时速度的精确值, 也就是位移函数在 t 时刻的导数值. 从这个例子可以看出, 导数蕴含了由量变到质变的辩证法思想.

下面我们给出导函数的定义. 如果函数 $f(x)$ 在区间 (a,b) 内每一点处都可导, 则称此函数在区间 (a,b) 内可导. 此时, 对于区间 (a,b) 内每一点 x, 都有对应的导数值 $f'(x)$, 故 $f'(x)$ 是 x 的函数, 称为 $f(x)$ 的导函数.

§2   实验内容与练习

2.1   最值问题与求解

问题 1   在地面上建有一座圆柱形水塔, 水塔内部的直径为 d, 并且在地面处开了一个高为 H 的小门. 现在要对水塔进行维修施工, 施工方案要求把一根长度为 $l(l > d)$ 的水管运到水塔内部. 请问水塔的门高 H 多高时, 才有可能成功地把水管搬进水塔内?

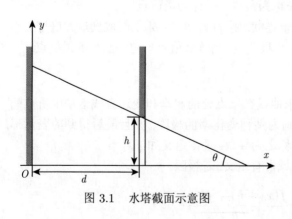

图 3.1   水塔截面示意图

解   如图 3.1 建立直角坐标系. 水管运进水塔时, 一端在地面上水平滑动, 另一端在水塔壁上垂直滑动. 设水管运动过程中, 在入门处的高度为 h, 水管与地面的夹角为 $\theta(0 < \theta < \pi/2)$. 根据题意可知

$$l = \frac{d}{\cos\theta} + \frac{h}{\sin\theta}$$

因此

$$h = l\sin\theta - d\tan\theta \tag{3.1}$$

这就是说, 在水管的移动过程中, h 随 θ 的变化而变化, 只有当 h 在变化过程中的最大值不大于门的高度 H 时, 水管才能顺利地移进水塔内, 这样问题就转化成了求 h 在 θ 的变化区间 $\left(0, \dfrac{\pi}{2}\right)$ 内的最大值.

如何求最值呢? 在中学我们曾学过求一些简单函数最值的方法, 例如: 利用一元二次函数的性质, 可求出函数

$$R = (x - 20)\left(50 - \frac{x - 180}{10}\right)$$

当 $x = 350$ 时取得最大值 10890; 而利用算术平均与几何平均的关系, 可求得函数

$$y = \frac{ax}{x^2 + (a + h)h} \quad (a, h > 0)$$

的最大值为 $\dfrac{a}{2\sqrt{a(a + h)}}$. 但要求像 (3.1) 这样由一般算式定义的函数的最值, 用初等方法就变得很难或根本求不出了, 我们必须寻找其他有效的方法.

练习 1 证明本页上面楷体部分描述的结论.

下面以函数 $f(x) = (x^5 - 3x^2 + 2)\mathrm{e}^x + x$ 为例, 寻找求一元连续函数极值的方法.

先试着用 ezplot 语句在一些较大的区间上画出该函数的草图, 观察其极值点的大概位置. 对上面的函数. 由命令

```
ezplot('(x^5-3*x^2+2)*exp(x)+x',[-1,2])
```

可作出函数在区间 $[-1, 2]$ 上的图形 (图 3.2). 可看出函数 $f(x)$ 在 $x=1$ 附近有极小值. $x=1$ 是否就是 $f(x)$ 的极小值点呢? 仅从图形上观察是得不出结论来的, 但凭借图形可以断定该极值点必落在区间 $(0.5, 1.5)$ 内, 而且区间 $(0.5, 1.5)$ 内只有这一个极值点.

接下来我们可以编程, 在区间 $[0.5, 1.5]$ 上搜索具体的极小值点, 搜索的方法很多, 在这里我们针对一般的函数介绍一种最容易想到的方法.

为了叙述的方便, 我们假设函数 $f(x)$ 在 $[a, b]$ 上连续, 在 (a, b) 内有且仅有一个极小值点. 这个极小值点可以通过如下的步骤找出.

第 1 步, 取定一个步长 h (小于区间长度的四分之一), 计算 $f(a + ih)$ ($i = 0, 1, 2, \cdots, n; nh \leqslant b - a < (n + 1)h$), 将这些函数值列成表.

第 2 步, 因 $f(x)$ 在 $[a, b]$ 上有一个极小值, 故必存在 $k(0 \leqslant k \leqslant n)$, 使得下面两式成立

$$f(a) \geqslant f(a + h) \geqslant \cdots \geqslant f[a + (k - 1)h] \geqslant f(a + kh)$$

$$f(a + kh) \leqslant f[a + (k+1)h] \leqslant \cdots \leqslant f(a + nh) \leqslant f(b)$$

取 $a_1 = a + (k-1)h$, $b_1 = a + (k+1)h$, 因 $f(x)$ 为连续函数, 故所求 $f(x)$ 的极小值点必在区间 $[a_1, b_1]$ 上, 我们取 $x_1 = \dfrac{a_1 + b_1}{2}$ 为近似极小值点.

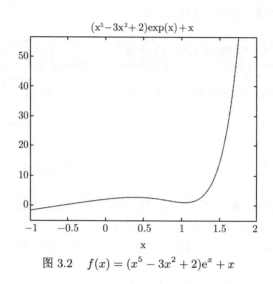

图 3.2 $f(x) = (x^5 - 3x^2 + 2)\mathrm{e}^x + x$

第 3 步, 在 $[a_1, b_1]$ 上重复第 1 步和第 2 步.

继续上面的步骤, 就得到一系列区间 $[a_1, b_1], [a_2, b_2], \cdots, [a_n, b_n], \cdots$ 及极小值点的近似值 $x_1, x_2, \cdots, x_n, \cdots$, 并且有

$$[a_1, b_1] \supset [a_2, b_2] \supset \cdots \supset [a_n, b_n] \supset \cdots, \quad b_i - a_i < \frac{b_{i-1} - a_{i-1}}{2} \ (i = 1, 2, 3, \cdots)$$

及

$$\lim_{n \to \infty} x_n = c \quad (c\text{为极小值点})$$

练习 2   对前面给出的函数 $f(x) = (x^5 - 3x^2 + 2)\mathrm{e}^x + x$, 试按上面的步骤, 求其在 $x=1$ 附近的极小值点 (精确到 10^{-3}).

如果连续函数在闭区间上只有一个极大值点, 我们可采取完全类似的步骤找出, 在此不再细述.

练习 3   求函数 $f(x) = (1-x)x^{\frac{2}{3}}$ 在 $x = 0.5$ 附近处的极大值点.

上面给出的方法其实基于这样一个事实: 当一个连续函数的函数值减少到不能再减时, 函数便取得了一个极小值; 当一个连续函数的函数值增加到不能再增时, 函数便取得了一个极大值. 即在其左右函数的单调性发生变化的点一定是函

数的极值点. 当我们将函数的一个最值区间 (设函数在该区间内有且只有一个极值点) 分割成许多小区间, 发现函数在某个小区间内单调性发生了变化时, 则可以肯定函数的极值点在这个小区间内, 这个小区间便是函数的一个新的最值区间. 这正是上面方法形成的理论依据. 不过, 判别函数在一个区间 $[a, b]$ 上单调性是否发生变化, 也可选定区间上的三个点, 比如 a, $c = \dfrac{a+b}{2}$, b, 然后计算算式 $\dfrac{f(c) - f(a)}{c - a}$ 与 $\dfrac{f(b) - f(c)}{b - c}$, 并比较它们的符号. 若符号不一样, 则可以断定单调性发生了变化, 否则可断定单调性没有发生变化. 此种方法比前一种方法要简单一些, 并且在两个算式的符号不同时, 还可根据它们的正负号判断出函数 $f(x)$ 在 $[a, b]$ 区间上取到极大值还是极小值. 例如, 对函数 $f(x) = (x^5 - 3x^2 + 2)e^x + x$, 取初始极小值区间为 $[0.5, 1.5]$, 取步长 $h=0.1$, 可得表 3.1.

表 3.1 搜索 $f(x) = (x^5 - 3x^2 + 2)e^x + x$ 极值区间所得的数据

分点 x_i	函数值 $f(x_i)$	$\dfrac{f(x_{i+1}) - f(x_i)}{x_{i+1} - x_i}$ 的符号
0.50	2.61242	
0.60	2.41804	−
0.70	2.10574	−
0.80	1.70731	−
0.90	1.29474	−
1.00	1.00000	
1.10	1.04145	+
1.20	1.75884	+
1.30	3.6591	+
1.40	7.47566	+
1.50	14.2448	+

从表 3.1 中第三列可判断出函数 $f(x)$ 在区间 $[1, 1.20]$ 内单调性发生了变化, 并且随着 x 的增大, 函数 $f(x)$ 由单调减少变为单调增加, 故 $[1, 1.20]$ 是 $f(x)$ 的一个新的更小的极小值区间, 这与从第二列直接比较函数值得到的结果是完全一致的. 因此, 我们可以通过观察每个小区间端点处函数值之差与自变量之差的比值 (即函数与自变量的增量比) 的方法, 去代替直接观察每个分点处函数值的方法, 获得函数更小的极值区间.

练习 4 用上面的方法判定函数 $f(x) = (1 - x)x^{\frac{2}{3}}$ 在 $(-1, 0)$ 内有无极值点.

按上面的方法, 每次取极值区间的中点为近似极值点, 当步骤增加时, 会得到极值点越来越精确的近似点. 但这种方法是否可以求得极值点的精确位置呢? 从理论上来说一般不会求得, 在实际计算时只有在一种非常特殊的情况下才能得到,这种情况就是: 若干步之后, 极值点每次都是区间的分割点.

例 1　求函数 $y = 2500x + \dfrac{2601}{x}$ 在区间 $(0, 2)$ 上的最大值点.

分别取步长 $0.5, 0.1, 0.05$ 等划分区间, 可得表 3.2.

表 3.2　搜索到的近似极值点

步长 h	极值区间	近似极值点
0.5	[0.5,1.5]	1
0.1	[0.9,1.1]	1
0.05	[0.95,1.05]	1
0.01	[1.01,1.03]	1.02
0.005	[1.015,1.025]	1.02
0.001	[1.019,1.021]	1.02
0.0005	[1.0195,1.0205]	1.02

通过简单的计算, 我们发现近似极值点 1.02 恰好就是例 1 给出的函数的精确极值点. 这种情况是非常少见的, 例如将例中函数改为 $y = 2500x + \dfrac{2602}{x}$, 用相同的方法与步骤搜索后, 我们发现结果与表 3.2 所列完全一致, 但显然 1.02 不是这个函数的精确极值点. 所以根据搜索的结果只能对极值点做出猜测, 明确的回答必须借助理论工具.

现在我们针对一般情形, 讨论函数极值点的判别问题.

设连续函数 $f(x)$ 在区间 (a, b) 内有一个极小 (大) 值点 $x = x_0$. 以前面给出的方法, 若能求出 $f(x)$ 这个精确极值点, 那么当步长 h 充分小时, $x = x_0$ 总是区间的分割点, 且

$$\frac{f(x_0) - f(x_0 - h)}{h} \leqslant 0 \quad (\geqslant 0), \qquad \frac{f(x_0 + h) - f(x_0)}{h} \geqslant 0 \quad (\leqslant 0)$$

故

$$\begin{cases} \displaystyle\lim_{h \to 0^-} \frac{f(x_0) - f(x_0 - h)}{h} \leqslant 0 \quad (\geqslant 0), \\ \displaystyle\lim_{h \to 0^+} \frac{f(x_0 + h) - f(x_0)}{h} \geqslant 0 \quad (\leqslant 0) \end{cases}$$

上式左端的两个极限若存在, 它们分别是函数 $f(x)$ 在 $x = x_0$ 的左导数与右导数, 此时上式可写为

$$\begin{cases} f'_-(x_0) \leqslant 0 \quad (\geqslant 0), \\ f'_+(x_0) \geqslant 0 \quad (\leqslant 0) \end{cases} \tag{3.2}$$

该式是极小 (大) 值点所满足的必要条件. 其实, (3.2) 式的成立与 $x = x_0$ 是否为我们前面给出的方法中区间的分割点无关, 这一点, 从该式的推导过程中可以看得很清楚.

练习 5 用与上面类似的方法讨论非极值点所要满足的条件.

例 2 判别 $x = -2, -1, 0, 1, 2$ 是否为函数 $f(x) = (x^2 + 1)e^x$ 的极值点.

我们可执行下列程序来判断上面哪些点满足 (3.2) 式.

```
f=inline('(x^2+1)*exp(x)');
syms h;
for i=1:6
    x0=sym(-3+i);
    f1=(f(x0)-f(x0-h))/h;
    f2=(f(x0+h)-f(x0))/h;
    a=limit(f1,h,0,'right');
    b=limit(f2,h,0,'right');
    fprintf('x0=%g,a=%g,b=%g\n',eval(x0),eval(a),eval(b))
end
```

运行得

```
x0=-2,a=0.135335,b=0.135335
x0=-1,a=0,b=0
x0=0,a=1,b=1
x0=1,a=10.8731,b=10.8731
x0=2,a=66.5015,b=66.5015
x0=3,a=321.369,b=321.369
```

可知除 $x = -1$ 外, 其他点都不是极值点; 当 $x = -1$ 时, (3.2) 式成立, 故 $x = -1$ 可能是 $f(x)$ 的一个极值点.

练习 6 通过练习 5 的讨论, 你能否找到一个方法, 判断问题 3 中的 $x = -1$ 是否为极值点?

练习 7 判别 $x = 0$ 是否为函数 $f(x) = (1-x)x^{\frac{2}{3}}$ 的极值点, 若是, 你能否找到一个方法证明它是极大值点或极小值点?

2.2 函数的导数

如果函数在某点的左右导数不相等 (包括左右导数存在但不相等、左右导数至少有一个不存在两种情况), 则可以断定函数在该点的导数一定不存在, 即函数在此点不可导.

练习 8 函数 $f(x) = \sin x$ 在 $x=0$ 处可导吗?

由例 2 可知, 函数 $f(x) = (x^2 + 1)e^x$ 在所要判别的 5 个点处, 左右导数都是相等的. 其实, 这一个现象十分普遍, 对于这个函数, 用下面语句

```
f=inline('(x^2+1)*exp(x)');
limit((f(x)-f(x-h))/h,h,0,'left')
limit((f(x)-f(x-h))/h,h,0,'right')
```

可分别求出

$$f'_-(x) = e^x(1+x)^2$$
$$f'_+(x) = e^x(1+x)^2$$

所以它在任何点处的左右导数都相等, 并且等于相应点处的导数值. 这就是说, 该函数在任何点处的导数皆存在.

导数究竟是什么呢? Newton 在他的巨著《自然哲学的数学原理》一书中写道: "消失量的最终比, 严格地说, 不是最后量之比, 而是这些量无限减小时, 它们之比所趋近的极限. 而它们与这个极限之差虽然能比任何给出的差更小, 但是这些量无限缩小以前既不能越过也不能达到这个极限"(这里消失量的最终比指的就是导数), 正如导数定义本身一样, Newton 的描述仍然是比较抽象的. 其实, 我们可以从几何上较直观地来理解导数.

由定义, 我们知道

$$\begin{cases} f'_-(x_0) = \lim\limits_{h \to 0^-} \dfrac{f(x_0 + h) - f(x_0)}{h}, \\ f'_+(x_0) = \lim\limits_{h \to 0^+} \dfrac{f(x_0 + h) - f(x_0)}{h}, \end{cases}$$

$\dfrac{f(x_0 + h) - f(x_0)}{h}$ 的值是连接点 $(x_0, f(x_0))$ 与 $(x_0 + h, f(x_0 + h))$ 的直线的斜率, 这种直线称为曲线 $y = f(x)$ 过点 $(x_0, f(x_0))$ 的割线. 因此, $f'_-(x_0)$ 与 $f'_+(x_0)$ 分别是曲线 $y = f(x)$ 在点 $(x_0, f(x_0))$ 处左右割线斜率的极限. 换句话说, $f'_-(x_0)$ 与 $f'_+(x_0)$ 分别是曲线 $y = f(x)$ 在点 $(x_0, f(x_0))$ 处左右割线的极限位置的斜率. 图 3.3 给出了函数 $f(x) = (1 - x)x^{\frac{2}{3}}$ 在对应于 $x = 0$ 处的左右割线.

练习 9 图 3.3 中两割线的极限位置是否存在? 为什么?

下面的程序, 给出了上面曲线在相应于 $x = 0.4$ 处的左右割线变化情况:

```
f=inline('(1-x)*(x^2)^(1/3)');
syms x;
h=0.4;i=1;
axis manual
set(gca,'nextplot','replacechildren');        %设置轴对象属性
```

```
while h>10^(-4)
  h=h-0.02;
  ezplot(f(0.4)+(f(0.4+h)-f(0.4))/h*(x-0.4),[-0.5,1]);
                                               %右割线
  hold on;
  ezplot(f(0.4)+(f(0.4)-f(0.4-h))/h*(x-0.4),[-0.5,1]);
                                               %左割线
  ezplot(f(x),[-0.5,1]); %函数
  M(i)=getframe; %获取图形赋给向量M
  i=i+1;
  hold off;
end
movie(M,25)
```

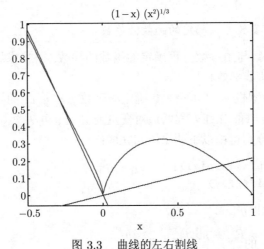

图 3.3　曲线的左右割线

练习 10　运行该程序, 观察左右割线的极限位置会不会重合, 并说明原因.

如果曲线 $y = f(x)$ 在点 $(x_0, f(x_0))$ 处左右割线的极限位置重合, 则割线的这个极限称为曲线在点 $(x_0, f(x_0))$ 处的切线, 排除切线为竖直直线的情况, 切线的斜率恰好是函数 $f(x)$ 在 $x = x_0$ 处的导数值; 反之, 如果函数 $y = f(x)$ 在某一点 x_0 的导数存在, 则曲线 $y = f(x)$ 在相应于 $x = x_0$ 处左右割线的极限位置必然重合, 故曲线在该点有切线. 这就是说, "函数在某点可导" 与 "曲线在相应点有不平行于 y 轴的切线" 是两个等价的命题.

2.3　导数的计算

1. 求导命令 diff

在 MATLAB 软件中, 可用语句

$$\text{diff(f(x),x)}$$

计算函数 $f(x)$ 的导函数, 当然在使用前需先将 x 定义成符号变量; 若要求 $f(x)$ 在 $x = a$ 处的导数, 可用 subs 命令, 只要将 $x = a$ 赋给上面的导函数便可得到; 而命令

$$\text{diff(f(x), x, n)}$$

求的是函数 $f(x)$ 对 x 的 n 阶导函数.

练习 11　用上面求导命令计算下列函数的导数:

(1) $\arctan \sqrt{6x - 1}$;　(2) $\ln(x + \sqrt{x^2 + a^2})$;　(3) $x \arcsin \sqrt{x}$;

(4) $x^{\tan x}$;　(5) 已知 $f(t) = \ln(1 + a^{-2t})$, 求 $f'(0)$.

练习 12　设 $y = \dfrac{1}{1 - x^2}$, 求 $y^{(6)}$ 及 $y^{(10)}\big|_{x=0}$.

2. 隐函数与由参数方程确定的函数的导数

求隐函数的导数与由参数方程确定的函数的导数, 需将求导命令与数学公式或方法结合起来, 才能奏效!

例 3　求由方程 $xy - e^x + e^y = 0$ 确定的函数 $y = y(x)$ 的导数.

与笔算的做法一样, 先在方程两边对变量 x 求导, 再从所得方程中解出 $y'(x)$ 即可. 这两个步骤分别可由以下两个语句完成:

```
f=sym(x*y-exp(x)+exp(y));
-diff(f,x)/diff(f,y)
```

运行之后可求出 $y'(x)$.

例 4　设 $\begin{cases} x = R(t - \sin t), \\ y = R(1 - \cos t), \end{cases}$ 求 $\dfrac{\mathrm{d}y}{\mathrm{d}x}$.

由下面的语句可得所求的导数:

```
syms R t;
x=R*(t-sin(t));y=R*(1-cos(t));
diff(y,t)/diff(x,t)
```

结果为: sin(t)/(1-cos(t)).

练习 13　设 $\arctan \dfrac{y}{x} = \ln \sqrt{x^2 + y^2}$, 求 y'_x 与 y''_x.

练习 14　求由下列参数方程所确定的函数的导数:

(1) $\begin{cases} x = \dfrac{t - 1}{t + 1}, \\ y = \dfrac{t^2}{t + 1}; \end{cases}$　(2) $\begin{cases} x = \cos^3 t, \\ y = \sin^3 t. \end{cases}$

2.4 极值的计算

1. 直接用 MATLAB 语句计算

MATLAB 软件中提供了求函数极小点的语句

$$\text{fminbnd(f, a, b)}$$

执行该语句将得到函数 $f(x)$ 在区间 $[a, b]$ 内的极小点, 而语句

$$\text{fminsearch(f(x),x0)}$$

得到的是离 $x = x_0$ 最近的极小点.

练习 15 执行语句 fminsearch('sin(x)',x0), x0 分别取为 $-6, -4, 0, 2, 4$ 等. 画出函数 $f(x) = \sin x$ 的图形以判断结果是否正确.

练习 16 用 fminsearch 语句求函数 $f(x) = |x^2 - 3x - 2|$ 在 $x = 0$ 附近的极小值.

要求函数 $f(x)$ 的极大点, 可以用命令

$$\text{fminsearch(-f(x),x0)}$$

这是因为函数 $-f(x)$ 的极小点恰好就是函数 $f(x)$ 的极大点.

练习 17 求函数 $f(x) = x^2 \cos x + \ln|x|$ 在 $x = 1$ 附近的极大点与极大值.

2. 利用导数计算

前面我们已经指出, 若 $x = x_0$ 是函数 $f(x)$ 的极值点, 当 $f(x)$ 在 x_0 处的左右导数存在时, (3.2) 式必成立. 如果函数 $f(x)$ 在 $x = x_0$ 处可导, (3.2) 式可进一步写为

$$f'(x_0) = 0 \tag{3.3}$$

所以, 当我们获知函数 $f(x)$ 在某区间 $[a, b]$ 上可导时, 我们可以通过求解方程 $f'(x) = 0$ 来得到 $f(x)$ 在区间 $[a, b]$ 上所有可能的极值点 (称为驻点). 若这些点的个数有限, 我们只要比较这些点与区间端点 $x = a$, $x = b$ 处的函数值, 便能求出函数 $f(x)$ 在 $[a, b]$ 上的最大值与最小值了.

例 5 求函数 $f(x) = 3x^4 - 4x^3 - 6x^2 + 12x$ 在 $[-3, 5]$ 上的最大值与最小值. 依据前面的讨论, 我们编写如下的程序:

```
f=inline('3*x^4-4*x^3-6*x^2+12*x');
pmin=fminbnd(f,-3,5);
g=inline('-3*x^4+4*x^3+6*x^2-12*x');
pmax=fminbnd(g,-3,5);
fprintf('%g,%g,%g,%g\n',pmin,f(pmin),pmax,f(pmax))
```

执行后得到

-1,-11,5,1285

因 5 与 -1 皆在区间 $[-3, 5]$ 内, 故所求的最大值为 1285, 最小值为 -11.

练习 18　求函数 $f(x) = xe^{-x^2}$ 在区间 $[-2, 2]$ 上的最大值与最小值.

如果连续函数 $f(x)$ 存在不可导的点, 可以先画出 $f(x)$ 的图形, 找出它的可导区间与不可导点的大致位置, 然后综合运用本小节给出的两种方法, 求出函数的极值或最值.

练习 19　求函数 $f(x) = |x|\,e^{-|x-1|}$ 在区间 $[-2, 2]$ 上的最大值与最小值.

练习 20　某不动产商行能以 5% 的年利率借得贷款, 然后它又把此款贷给顾客. 若它能贷出的款额与它贷出的利率的平方成反比 (利率太高无人借贷). 问以多大的年利率贷出能使商行获利润最大?

练习 21　对式 (3.1), 设 $l = 10, d = 6$, 试求 h 的最大值.

§3　本实验涉及的 MATLAB 软件语句说明

1. `ezplot ('(x 5-3*x 2+2)*exp(x)+x', [-1,2] )`

简单的作图命令, 画出引号中函数在 $[-1,2]$ 区间上的图形.

2. `movie(M,25)`

播放图片向量 M, 一共播放 25 遍.

实验四   函数的迭代、混沌与分形

【实验目的】
(1) 认识函数迭代;
(2) 了解混沌和分形.

迭代在数值计算中占有很重要的地位, 了解与掌握它是很有必要的. 本实验将讨论函数迭代的收敛性与用迭代法近似计算方程根的问题, 以及迭代本身一些有趣的现象.

§1   基 本 理 论

函数迭代的
概念与收敛
条件

1.1   迭代的概念

给定某个初值, 反复用同一个函数作用在该初值的过程称为迭代. 函数 $f(x)$ 的迭代过程如下:

$$x_0, x_1 = f(x_0), x_2 = f(x_1), \cdots, x_n = f(x_{n-1}), \cdots$$

它生成了一个序列 $\{x_n\}$, 称为迭代序列.

许多由递推关系给出的数列, 都是迭代序列. 例如数列

$$x_0 = 1, \quad x_n = 1 + \frac{1}{1 + x_{n-1}} \quad (n = 1, 2, \cdots)$$

是由函数 $f(x) = 1 + \dfrac{1}{1+x} = \dfrac{2+x}{1+x}$ 取初值为 1 所得的迭代序列.

1.2   迭代序列的收敛性

定理 4.1   设函数 $f(x)$ 满足:
(1) 对任意 $x \in (a, b), f(x) \in (a, b)$;
(2) $f(x)$ 在 (a, b) 内可导, 且存在常数 L 使得 $|f'(x)| \leqslant L < 1$,
则当初值 $x_0 \in (a, b)$ 时, 由 $f(x)$ 生成的迭代序列收敛.

在迭代函数 $f(x)$ 连续的条件下, 如果迭代序列收敛, 则它一定收敛于方程 $x = f(x)$ 的根. 该方程的根也称为函数 $f(x)$ 的不动点.

设 x^* 为 $f(x)$ 的不动点, $f'(x)$ 在 x^* 的附近连续, 若 $|f'(x^*)| < 1$, 则称不动点 x^* 是稳定的; 若 $f'(x^*) = 0$, 则称不动点 x^* 是超稳定的. 在超稳定点 x^* 附近, 迭代过程 $x_{n+1} = f(x_n)$ 收敛到 x^* 的速度是非常快的.

1.3 Newton 迭代法

设函数 $g(x)$ 具有一阶导数, 且 $g'(x) \neq 0$, 则函数 $f(x) = x - \dfrac{g(x)}{g'(x)}$ 的迭代称为 Newton 迭代. 若函数 $f(x)$ 存在不动点, 则它一定是方程 $g(x) = 0$ 的根, 故 Newton 迭代法可以用来求方程 $g(x) = 0$ 的根.

§2   实验内容与练习

2.1 迭代的收敛性

对于函数迭代, 最主要的问题是迭代序列的收敛性. 一般来说, 迭代序列是否收敛取决于迭代函数与初值.

我们先编程定义一个普适性迭代的 MATLAB 函数, 然后调用它.

```
function p=dd(f,x0,n)
                   %f,x0,n分别为迭代函数、初值及迭代次数
p=[x0];            %调用格式 dd(@(x)f(x),x0,n)
for i=2:n
   p(i)=f(p(i-1));
end
end
```

作为一个例子, 取迭代函数为分式线性函数 $f(x) = \dfrac{25x - 85}{x + 3}$, 初值为 5.5, 执行 dd(@(x)(25*x-85)/(x+3),5.5,20), 结果见表 4.1.

表 4.1 的结果说明迭代序列收敛于 17. 我们注意到程序中取的迭代初值为 5.5, 如果取其他的数作为初值, 所得的迭代序列是否仍收敛于 17 呢? 我们可取其他初值做实验, 结果得到表 4.2(表中第三列是迭代序列的前 6 位有效数字首次为 17.0000 的步数).

从表 4.2 中可看出, 只要初值不取为 5, 迭代序列都收敛于 17, 且收敛速度与初值的选取关系不大.

解方程 $f(x) = x$, 得到 $x = 17$ 与 $x = 5$. 即 17 和 5 是 $f(x)$ 的两个不动点. 由前面的讨论知道这两个不动点是有区别的：对于 17, 不管初值取为多少 (只要不为 5), 迭代序列总是收敛于它; 而对于 5, 只有初值取为 5 时, 迭代序列才以它为极限. 这样一种现象在函数的迭代中普遍存在, 为方便区分起见, 我们给这样两

种点各一个名称: 像 17 这样的所有附近的点在迭代过程中都趋向于它的不动点, 称为吸引点; 而像 5 这样的所有附近的点在迭代过程中都远离它的不动点, 称为排斥点.

$$\text{表 4.1} \quad \text{函数 } f(x) = \frac{25x - 85}{x + 3} \text{ 的迭代序列}$$

迭代次数 n	迭代序列 x_n	迭代次数 n	迭代序列 x_n
1	6.17647	11	16.9884
2	7.5641	12	16.9954
3	9.85437	13	16.9981
4	12.5529	14	16.9993
5	14.7125	15	16.9997
6	15.9668	16	16.9999
7	16.5642	17	17.0000
8	16.8218	18	17.0000
9	16.9281	19	17.0000
10	16.9711	20	17.0000

表 4.2 取不同初值的收敛情况

初值	收敛性	收敛到 17.0000 的步数
-40000	收敛于 17	16
-500	收敛于 17	16
-20	收敛于 17	16
0	收敛于 17	17
4	收敛于 17	17
4.9	收敛于 17	19
5	收敛于 5	
5.1	收敛于 17	19
6	收敛于 17	17
20	收敛于 17	12
100	收敛于 17	14
1000	收敛于 17	14

上面的 $f(x) = \dfrac{25x - 85}{x + 3}$ 是一个分式线性函数, 对于一般的分式线性函数, 迭代序列是否总收敛呢?

练习 1 编程判断函数 $f(x) = \dfrac{x - 1}{x + 1}$ 的迭代序列是否收敛.

在上节我们已经指出, 如果迭代序列收敛, 一定收敛到迭代函数的某个不动点. 这就是说, 迭代函数存在不动点是迭代序列收敛的必要条件. 那么如果迭代函数存在不动点, 迭代序列是否一定收敛呢?

练习 2　先分别求出分式线性函数 $f_1(x) = \dfrac{x-1}{x+3}$, $f_2(x) = \dfrac{-x+15}{x+1}$ 的不动点, 再编程判断它们的迭代序列是否收敛.

运用上节的收敛定理可以证明: 如果迭代函数在某不动点处具有连续导数且导数值介于 -1 与 1 之间, 那么取该不动点附近的点为初值所得到的迭代序列一定收敛到该不动点.

练习 3　你能否说明为什么 17 是 $f(x) = \dfrac{25x - 85}{x+3}$ 的吸引点, 而 5 是 $f(x)$ 的排斥点吗? 尽量多找些理由支持这个结论.

练习 4　能否找到一个分式线性函数 $\dfrac{ax+b}{cx+d}$(其中 a, b, c, d 整数), 使它产生的迭代序列收敛到给定的数? 用这种办法近似计算 $\sqrt{2}$.

提示　要使迭代序列收敛到 $\sqrt{2}$, 则 $\sqrt{2}$ 应为迭代函数的不动点, 因此有

$$\sqrt{2} = \frac{a\sqrt{2}+b}{c\sqrt{2}+d}$$

化简为 $2c + \sqrt{2}d = a\sqrt{2} + b$, 得 $a = d, b = 2c$.

另外, 要使得迭代序列收敛, 依定理 4.1, 让迭代函数的导数在不动点附近绝对值小于 1, 由于

$$\left(\frac{ax+b}{cx+d}\right)' = \frac{ad-bc}{(cx+d)^2}$$

取 $c = 2, b = 4, a = d = 3$ 使得分子尽量小 (恰为 1), 而分母在 $\sqrt{2}$ 附近显然大于 1, 这样便得到了所需的分式线性迭代函数.

2.2　迭代法用于计算代数方程近似根

上面的练习 4 说明, 可以用迭代法近似计算 $\sqrt{2}$, 这种方法是否具有普遍性? 比如说, 能否用迭代法近似计算 $\sqrt[3]{2}$? 这句话的意思是, 能否找到某一个迭代函数, 给定某个初值后, 其产生的迭代序列收敛到 $\sqrt[3]{2}$?

由前面的讨论知, 设迭代函数为 $f(x)$, 那么 $f(x)$ 必须满足以下两个条件:

(1) $\sqrt[3]{2}$ 必须是 $f(x)$ 的不动点, 即 $\sqrt[3]{2}$ 满足方程 $x = f(x)$;

(2) $f(x)$ 在包含 $\sqrt[3]{2}$ 的某个区间内, 导函数绝对值必须小于 1.

现在我们根据这两个条件来寻找适当的迭代函数, 我们知道 $\sqrt[3]{2}$ 显然是方程 $x^3 = 2$ 的根, 只要将它改造成条件 (1) 中方程的形式就能找到迭代函数了, 比如将 $x^3 = 2$ 变形为 $x = \dfrac{2}{x^2}$, 如果让 $f(x) = \dfrac{2}{x^2}$, 则 $\sqrt[3]{2}$ 是它的不动点. 但通过简单计算发现, 这个函数并不满足第二个条件, 由它迭代得到的序列不可能收敛到 $\sqrt[3]{2}$, 所以还需要另寻其他函数.

实际上, 可在方程 $x^3 = 2$ 两端同时加上 $ax^2 + bx$ (其中 a, b 为整数), 成为

$$x^3 + ax^2 + bx = ax^2 + bx + 2$$

可得

$$x = \frac{ax^2 + bx + 2}{x^2 + ax + b}$$

让 $f(x) = \dfrac{ax^2 + bx + 2}{x^2 + ax + b}$, 可以验证选取适当的 a, b(例如取 $a = b = 1$), 能使 $f(x)$ 满足前面列出的第二个条件, 这是因为

$$\begin{aligned} f'(x) &= \left(\frac{x^2 + x + 2}{x^2 + x + 1} \right)' = \left(1 + \frac{1}{x^2 + x + 1} \right)' \\ &= -\frac{2x + 1}{(x^2 + x + 1)^2} \end{aligned}$$

可以验证, 它在包含 $\sqrt[3]{2}$ 的区间 $[1, 2]$ 上单调增加, 其值介于 $-\dfrac{1}{3}$ 与 $-\dfrac{5}{49}$ 之间, 绝对值远小于 1.

练习 5 取迭代函数 $f(x) = \dfrac{x^2 + x + 2}{x^2 + x + 1}$, 编程验证其生成的迭代序列是否收敛到 $\sqrt[3]{2}$.

练习 6 取迭代函数 $f(x) = \dfrac{x^2 + x + m}{x^2 + x + 1}$($m$ 为正整数), 编程观察其生成的迭代序列收敛情况.

以上由代数方程变形改造寻找到迭代函数的方法具有一定的参考价值, 产生的迭代序列收敛到此代数方程的根. 在近似计算方法中, 著名的 Newton 迭代法就是用来计算代数方程的近似解的.

练习 7 证明 Newton 迭代函数 $f(x) = x - \dfrac{g(x)}{g'(x)}$ 的不动点是函数 $g(x)$ 的零点.

对于方程 $x^3 = 2$, 其 $g(x) = x^3 - 2$, 那么对应的 Newton 迭代函数为

$$f(x) = x - \frac{g(x)}{g'(x)} = x - \frac{x^3 - 2}{3x^2} = \frac{2}{3}\left(x + \frac{1}{x^2} \right)$$

练习 8 编程观察此函数产生的迭代序列的收敛性, 并根据本节列出的条件从理论上进行讨论.

练习 9 用 Newton 迭代法近似计算 $\sqrt[3]{m}$(m 为正整数).

函数迭代的
可视化

2.3   迭代的 "蜘蛛网" 图

对函数的迭代过程, 我们可以用几何图像来直观地显示它. 在 xOy 平面上, 先作出函数 $y = f(x)$ 与 $y = x$ 的图像, 对初值 x_0, 在曲线 $y = f(x)$ 上可确定一点 P_0, 它以 x_0 为横坐标, 过 P_0 引平行 x 轴的直线, 设该直线与 $y = x$ 交于点 Q_1, 再过 Q_1 作平行 y 轴的直线, 它与曲线 $y = f(x)$ 的交点记为 P_1, 重复上面的过程, 就在曲线 $y = f(x)$ 上得到点列 $P_1, P_2, \cdots$. 不难知道, 这些点的横坐标构成的序列 $x_0, x_1, x_2, \cdots, x_n, \cdots$ 就是迭代序列. 若迭代序列收敛, 则点列 $P_1, P_2, \cdots$ 趋向于 $y = f(x)$ 与 $y = x$ 的交点 P^*, 因此迭代序列是否收敛, 可以在图上观察出来. 这种图因其形状像蜘蛛网而被称为迭代的 "蜘蛛网" 图, 如图 4.1 所示.

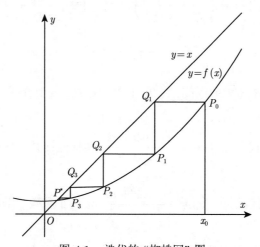

图 4.1   迭代的 "蜘蛛网" 图

下列代码定义了一个函数, 该函数动态地显示了函数迭代的过程, 最后形成 "蜘蛛网" 图:

```
function vddt(f,x0,N,a,b,c,d)
    %f 为迭代函数, x0 是初值, N 为迭代次数;[a,b,c,d] 为图形范围
    %调用格式 dddht(@(x)f(x),x0,N,a,b,c,d)
p=[x0];
q(1)=0;p(2)=p(1);q(2)=feval(f,p(1));
for i=1:N
    q(1+2*i)=q(2*i);
    p(1+2*i)=q(1+2*i);
    q(2+2*i)=feval(f,p(1+2*i));
    p(2+2*i)=p(1+2*i);
end                                  %计算节点坐标
```

```
close(figure(gcf));
fplot(@(x)[f(x),x],[a,b]);
axis([a,b,c,d]);
hold on;
for i=1:N
    pp=p(2*i):sign(double(p(1+2*i)-p(2*i)))*0.1:p(1+2*i);
    qq=q(2*i-1):sign(double(q(2*i)-q(2*i-1)))*0.1:q(2*i);
    n=max(1,length(pp));m=max(1,length(qq));
    if n==1&abs(double(p(1+2*i)-p(2*i)))>eps
        n=2;
    end
    if m==1&abs(double(q(2*i)-q(2*i-1)))>eps
        m=2;
    end
    pp(n)=p(1+2*i);qq(m)=q(2*i);
    for j=1:m-1
        plot([p(2*i),p(2*i)],[qq(j),qq(j+1)],'r');
        pause(0.03);axis([a,b,c,d]);
    end
    for j=1:n-1
        plot([pp(j),pp(j+1)],[q(1+2*i),q(1+2*i)],'r');
        pause(0.03);axis([a,b,c,d]);
    end
end
hold off
```

执行 vddt(@(x)(25*x-85)./(x+3),5.5,20,0,20,0,20), 得到图 4.2.

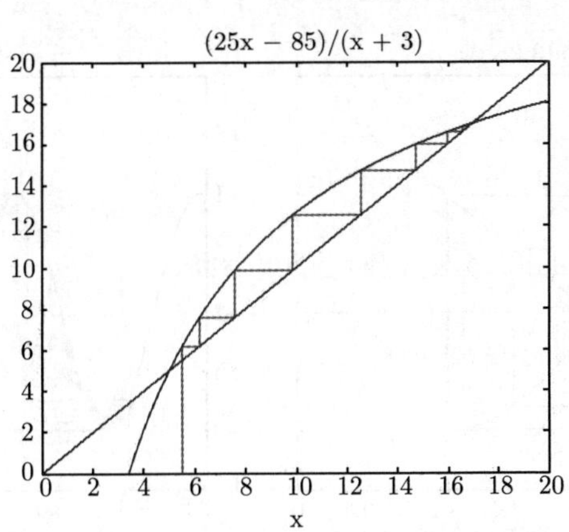

图 4.2 函数 $f(x) = \dfrac{25x - 85}{x + 3}$ 的迭代图形

它显示了分式线性函数 $f(x) = \dfrac{25x - 85}{x + 3}$ 取初值为 5.5 的迭代过程, 从图中我们可以看出纵向和横向的 "蜘蛛网" 与迭代函数曲线的交点序列趋近曲线和直线的右边交点, 最后到达这个交点, 这说明该迭代收敛, 且收敛到函数的不动点 17.

练习 10　通过观察图 4.2 或通过改变初值重画 $f(x) = \dfrac{25x - 85}{x + 3}$ 的蜘蛛网图, 你能否说明为什么该函数迭代的收敛速度与初值的选取关系不大? 对于其他收敛的分式线性函数的迭代, 是否有类似的结论?

2.4　认识混沌

迭代序列若不收敛, 它可能出现两种情况.

(1) 迭代次数充分大时, 迭代序列出现周期性重复. 即存在自然数 $N, k > 0$, 使 $x_{N+k} = x_N$, 这样迭代序列便成为

$$x_0, x_1, \cdots, x_N, x_{N+1}, \cdots, x_{N+k-1}, x_N, x_{N+1}, \cdots, x_{N+k-1}, \cdots$$

此时, $x_N, x_{N+1}, \cdots, x_{N+k-1}$ 称为周期为 k 的循环; 而初始点 x_0 称为预周期点.

例如, 对函数 $f(x) = -2 + \sin(1.5x)$ 取初值 $x = 0$ 的迭代, 可画出其 "蜘蛛网" 图如图 4.3 所示, 在该图中出现了一个矩形环, "蜘蛛网" 到此循环往复, 不再扩大, 说明迭代出现了循环, 且由于此矩形与曲线有 2 个交点, 说明循环周期是 2, 而 0 是该循环的一个预周期点.

(2) 序列没有规律、杂乱无章, 称为混沌. 例如, 图 4.4 是函数 $f(x) = -2 + \sin(5x)$ 取初值为 -0.7 的迭代图, 可看出该函数有 3 个不动点, 但纵横 "蜘蛛网" 并不经过这 3 个点, 且可以验证随着迭代次数的增加, "蜘蛛网" 不断扩大, 这说明迭代序列不收敛不循环, 它出现了混沌.

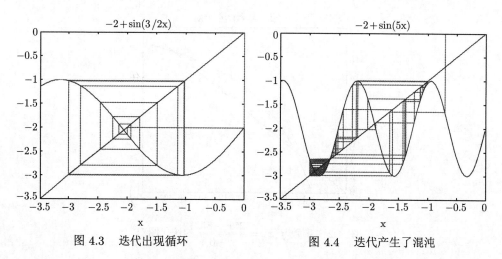

图 4.3　迭代出现循环　　　　　　　图 4.4　迭代产生了混沌

有关文献指出, 混沌序列具有两个特性: 非随机性和对初始值的敏感性. 即: 其一, 序列由迭代函数和初值完全确定, 因而它不是随机序列; 其二, 若初始值产生了微小的误差, 则该误差随迭代次数增加而不规则地增大 (这种现象在有些书上称为 "蝴蝶效应"), 从混沌序列看上去像随机序列, 故混沌又称作确定性的随机运动. 另外, 如果由数值计算得到的混沌序列去反推初始值, 存在一定的困难性, 特别是在只知混沌序列中的一部分以及所在的项数未知的情况下, 显得尤其困难, 因此混沌序列通过改造和复杂化可以用于安全通信中.

练习 11 通过观察图形进一步了解函数 $f(x) = a + \sin bx$ 的迭代 (多取几组参数及初值).

练习 12 函数 $f(x) = \alpha x(1-x)(0 \leqslant x \leqslant 1)$ 称为 Logistic 映射, 以它为迭代函数, 初值取为 $x_0 = 0.5$, 参数 α 分别取表 4.3 中的值. 试调用前文函数 vddt, 动态地观察 "蜘蛛网" 图的形成过程, 据此判别迭代序列收敛情况, 将结果填入表 4.3, 若出现循环, 请指出它的周期.

表 4.3 Logistic 迭代的收敛性

α	2.6	3.4	3.6	3.84
序列收敛情况				

2.5 人口增长的 Logistic 模型

Logistic 映射来源于对人口变化规律的研究, 下面我们简单加以介绍.

世界人口的增长, 受到自然资源的约束, 设地球允许承载的总人口数为 x_m, 以 $x(t)$ 表示时刻为 t 时的世界人口数. 我们容易想到, 在时刻 t 到时刻 $t + \Delta t$ 的人口平均增长速度, 与 t 时刻的人口数成正比, 也与容许增长的人口数成正比, 故

$$\frac{x(t + \Delta t) - x(t)}{\Delta t} = kx(t)(x_m - x(t)) \tag{4.1}$$

其中 k 为比例系数, 表示与人口增长率相关的参数. 设以一年为一时间单位, 当 $\Delta t = 1$ 时, 上面的式子变为

$$x(t+1) - x(t) = kx(t)(x_m - x(t))$$

即

$$x(t+1) = (1 + kx_m)x(t)\left(1 - \frac{k}{1 + kx_m}x(t)\right)$$

故

$$\frac{k}{1 + kx_m}x(t+1) = (1 + kx_m)\frac{k}{1 + kx_m}x(t)\left(1 - \frac{k}{1 + kx_m}x(t)\right)$$

以 n 代替 t, 并令 $x_n = \dfrac{k}{1 + kx_m}x(n)$, 则有

$$x_{n+1} = (1 + kx_m)x_n(1 - x_n)$$

令 $\alpha = 1 + kx_m$, 可得

$$x_{n+1} = \alpha x_n(1 - x_n) \tag{4.2}$$

此式正是由 Logistic 映射构成的迭代式. 因此, 分析 Logistic 映射的迭代行为, 对掌握人口增长的变化规律有重大意义. 如果我们能很好地控制参数 α, 也就控制了人口增长方式, 使人口数朝着有利的方向发展.

2.6 序列的散点图

对于序列 $x_0, x_1, x_2, \cdots, x_n, \cdots$, 以其下标为横坐标, 以其本身的值为纵坐标, 得到点列 (n, x_n) $(n = 0, 1, 2, \cdots)$, 我们将这些离散点 (一般取其排在前面的有限多个点) 构成的图形称为序列的散点图. 从一个序列的散点图中观察点列的变化趋势, 可以大致判断出它的收敛情况.

练习 13 画出序列 $x_n = 1 + \dfrac{1}{\sqrt{2}} + \dfrac{1}{\sqrt{3}} + \cdots + \dfrac{1}{\sqrt{n}} - 2\sqrt{n}$ $(n = 1, 2, \cdots)$ 的散点图并判断其收敛性.

练习 14 初值 $x_0 = 0.3$, 画出由下列迭代函数产生的迭代序列的散点图, 并判断其收敛性.

(1) $f(x) = \begin{cases} 2x, & 0 \leqslant x \leqslant \dfrac{1}{2}, \\ 2(1-x), & \dfrac{1}{2} < x \leqslant 1; \end{cases}$

(2) $f(x) = 3.2x(1 - x)$.

如果将上面散点图中每个点横坐标取同一个数, 纵坐标保持不变, 那么这些点将会分布在一条竖线上, 并且对于某些序列, 这些点可能会出现重叠, 比如序列 $\{(-1)^n\}_{n=1}^{+\infty}$ 对应的图形中就应该只看到 2 个点. 如果再将序列前面的充分多项删除, 那么收敛序列对应的这种散点图中, 可能只出现 1 个点. 反之, 如果这样处理以后得到的图形中只看到 1 个点, 那么可以判断序列是收敛的, 而如果看到的是 2 个点, 那么最合理的解释应该是序列出现了周期为 2 的循环, 以此类推.

练习 15 设迭代函数 $f(x) = \dfrac{1}{2}\left(x + \dfrac{a}{x}\right)$ $(a = 0.2, 0.4, \cdots, 2)$, 初值 $x_0 = 3$, 按照上文方法, 画出其迭代序列的第二种散点图 (删除最前面的 20 个点), 其中横坐标取为 a, 要求将这些不同 a 所对应的点列画在同一个图中. 根据图形判断相应序列的收敛情况.

2.7 Feigenbaum 图

对于 Logistic 映射 $f(x) = \alpha x(1-x)$, 我们按照前文练习 15 的方法画出散点图, 先取 α 的值为 3, 在 $(0, 1)$ 中随机取一数作为初值 x_0 进行迭代, 共迭代 300 次左右, 丢弃起始的 100 次迭代的数据, 在图上绘出所有的点 (α, x_n) $(n>100)$. 然后慢慢地增加 α 值, 每增加一次, 都重复前面的步骤, 一直增加到 $\alpha = 4$ 为止, 这样得到的图形, 称为 Feigenbaum 图.

图 4.5 是由 α 取步长 0.01 所绘制出的 Feigenbaum 图, 其 MATLAB 程序如下.

```
close; clear;
logistic=@(u,x) u.*x.*(1-x);
a=3:0.005:4;
n=300;
fgb(1,:)=logistic(a,0.5);
for i=2:n
    fgb(i,:)=logistic(a,fgb(i-1,:));
end;
plot(a,fgb(101:n,:),'k.')
```

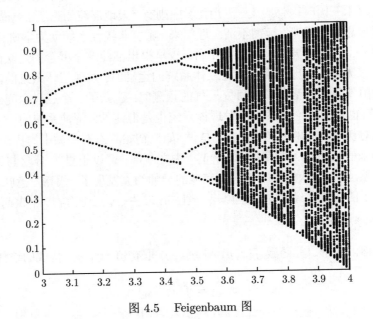

图 4.5　Feigenbaum 图

为了获得更细致的图形, 可将 α 的步长再缩小. 不过, 由于循环次数较多, 运行程序时, 需要耐心等待.

Feigenbaum 图对于分析函数 $f(x)=\alpha x(1-x)$ 的迭代行为非常有用. 从图 4.5 中可看出：较左部分是一些清晰的曲线段, 这说明对该范围内的任一 α 值而言, 当迭代进行到 100 次以后, 迭代所得的 x_n 只取有限的几个值, 表明迭代序列构成了一个循环, 其周期等于竖直的直线与图形交点的个数; 从左向右, 每一段曲线到一定的位置同时一分为二, 表明迭代序列的循环周期在这些位置处增长了一倍, 因而曲线的这种分叉, 被称为倍周期分岔, 有时也称为 Pitch-Fork 分岔; 随着 α 的增长, 出现分岔位置的间隔越来越小, 大约在 $\alpha=3.57$ 左右, 分岔数已看不清楚, 这时便认为出现了混沌, 由此向右的区域被称为混沌区域, 但是并非对所有大于 3.57 的 α, 函数迭代都出现混沌, 在图中可看出, 混沌区域中有一些空白带, 这些空白带由若干段曲线构成, 说明对于相应的 α, 迭代出现周期循环, 因此, 这些空白带称为混沌区域中的周期窗口. 例如当 $\alpha \approx 3.84$ 时, 迭代序列出现了周期为 3 的循环, 因此, 对应于 α 在 3.84 附近的区域就是一个周期为 3 的循环窗口.

练习 16　在混沌区域中, 还存在着其他的循环窗口, 你能否找出? 并通过计算验证你的结论.

混沌, 或称浑沌, 在很多中国古籍文本中出现过, 用以描述宇宙起始时模糊一团的状态, 如汉班固《白虎通 • 天地》中写道 "混沌相连, 视之不见, 听之不闻, 然后剖判". 汉末三国时徐整的《三五历纪》中则有 "天地混沌如鸡子" 一说. 混沌也常用来形容思想不清晰, 模糊不清. 近年来, 随着非线性系统动力学研究的兴起, 混沌成为一个重要研究领域和新兴学科. 较早提出混沌这个概念的是法国数学家和物理学家庞加莱. 庞加莱在研究三体系统的运动时, 发现三体系统的演化是混沌的. 美国气象学家洛伦茨在研究天气的预测时, 建立了一个三自由度的非线性微分方程 (也称为洛伦茨系统), 发现该系统也是混沌的. 混沌系统的一个重要特征是系统对初始状态的敏感性. 也就是说, 如果初始状态有个微小的扰动, 则会导致系统后来的状态极大的偏离, 此所谓 "失之毫厘, 谬以千里". 分岔与混沌有着重要的联系, 旅美华人数学家李天岩和他的导师约克发现了 "周期三意味着混沌", 而这与老子的《道德经》中 "道生一, 一生二, 二生三, 三生万物" 不谋而合.

2.8　二维迭代与分形

我们称由两个二元函数 $f(x,y)$ 与 $g(x,y)$ 取初值 (x_0,y_0) 构成的迭代

$$\begin{cases} x_{n+1} = f(x_n, y_n), \\ y_{n+1} = g(x_n, y_n) \end{cases}$$

为一个二维迭代.

二维迭代产生的序列也存在收敛性问题, 但一般来说要比一元函数产生的迭代序列的收敛性复杂得多. 我们通常借助于图形进行观察, 这种图形由二维点列 (x_n, y_n) 构成, 亦即二维散点图.

例 1 由函数 $f(x, y) = y - \sin x$ 与 $g(x, a) = a - x$ 取 $a = 3.1$, 初值为 $(1.2, 0)$ 构成的迭代, 可通过下面的程序获得其散点图.

```
f=@(x,y)y-sin(x);
g=@(x)3.1-x;
X=[1.2,0]';
  close; hold on;
for n=2:1000
  X(:,n)=[f(X(1,n-1),X(2,n-1)),g(X(1,n-1))];
  plot(X(1,n),X(2,n),'k*');
  axis([-4,6,-3,7]);
  pause(0.1);
end
hold off
```

运行后得到图 4.6.

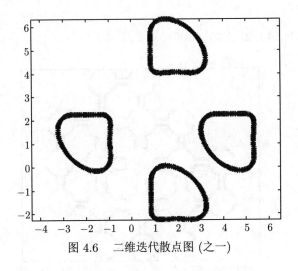

图 4.6   二维迭代散点图 (之一)

虽然从图 4.6 中不能断定该序列是否收敛, 但我们却发现这个图形本身非常有特点, 它由四个形状完全相似的小图形构成, 这些小图形之间经过旋转、折叠后能够相互重合, 数学上称这类图形为分形图.

“分形” 一词是在 1975 年由美国 IBM 公司数学家 Mandelbrot 首先提出来的, 它含有 “碎化、分裂” 之意. 1982 年, Mandelbrot 给分形下了一个通俗的定义：组成部分以某种方式与整体相似的形体叫分形. 分形的两个最基本的性质是：比例性和置换不变性. 比例性指的是在一定表度范围内显微放大任何部分其不规则程度相同; 而置换不变性是指每一部分经移位、旋转、缩放后与其他任意部位相似. 自然界许多物体, 如植物、云团、雪花等都具有分形的性质, 科学家们猜测: 自然界这些复杂的结构有可能是像二维迭代那样由简单的规律产生的.

例 2   由函数 $f(x,y) = y - \text{sgn}\, x \sqrt{|bx - c|}$ 与 $g(x,y) = a - x$ 构成的二维迭代称为 Martin 迭代. 现观察其当 $a = 45, b = 2, c = -300$ 时, 取初值为 $(0,0)$ 所得到的二维迭代散点图.

我们先定义 Martin 迭代散点图函数如下:

```
function Martin(a,b,c,N)   %N为迭代次数
f=@(x,y)(y-sign(x)*sqrt(abs(b*x-c)));
g=@(x)(a-x);
m=[0;0];
for n=1:N
    m(:,n+1)=[f(m(1,n),m(2,n)),g(m(1,n))];
end
plot(m(1,:),m(2,:),'kx');
axis equal
```

执行 Martin(45,2,-300,5000), 得到图 4.7.

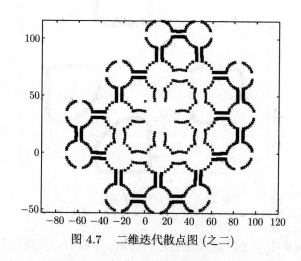

图 4.7   二维迭代散点图 (之二)

该图形是著名的 Martin 图形的初期状态, 随着迭代次数的提高, 图形将会发生奇妙的变化.

练习 17   对例 2, 试着提高迭代次数至 26000, 28000, 100000, 500000 等观

察图形有什么变化?

练习 18 取参数 a, b, c 为其他的值会得到什么图形? 参考表 4.4.

表 4.4 Martin 迭代参数参考表

a	b	c
-1000	0.1	-10
0.4	1	0
90	30	10
10	-10	100
-200	-4	-80
-137	17	4
10	100	-10

练习 19 设 A, B, C 为某三角形的顶点, 现作这样的迭代: 计算两个点的中点, 这两个点分别是 A, B, C 中随机取得的一点与前一步求得的中点 (初始点任取). 当迭代次数大于 10000 时, 试观察所得的散点图.

§3 本实验涉及的 MATLAB 软件语句说明

1. `axis([0,20,0,20])`

限制坐标轴的范围为矩形区域 $[0, 20] \times [0, 20]$.

2. `hold on`

此是为了在原图上叠绘新图形, 完成后由 `hold off` 取消.

实验五　定积分的定义与计算

【实验目的】
(1) 深入理解定积分的概念;
(2) 学会用 MATLAB 软件计算定积分.

定积分的概念直接来源于实际问题, 如曲边梯形的面积、变速直线运动的位移等等, 因而定积分的应用十分广泛. 但是对于具体问题能否利用定积分和怎样利用定积分往往会难倒初学者, 其原因可能是: 其一, 初学者不会将实际问题中所求的量化为定积分, 归根结底是因为定积分的概念比较复杂、抽象, 让人难以真正理解; 其二, 得到的定积分根本就无法积出. 本实验将从定积分的定义出发, 讨论定积分的计算问题, 以便让读者能加深对定积分概念的认识, 并学会怎样近似计算定积分. 本实验还努力帮助读者获得发现规律的乐趣.

§1　基　本　理　论

1.1　定积分的定义

定积分来源于实际问题, 比如曲面梯形面积和变力沿直线做功问题, 在解决这些问题时, 发现都需要分成 "分割、近似、求和、取极限" 四个步骤, 并且最后得到的表示形式也完全相同, 于是当其存在时, 我们称之为定积分, 定义如下.

设函数 $f(x)$ 在 $[a,\ b]$ 上有界, 在 a 与 b 之间任意插入 $n-1$ 个分点,

$$a = x_0 < x_1 < x_2 < \cdots < x_{n-1} < x_n = b$$

将区间 $[a,\ b]$ 分成 n 个小区间 $[x_{i-1}, x_i](i=1,2,\cdots,n)$, 记每个小区间的长度为 $\Delta x_i = x_i - x_{i-1}(i=1,2,\cdots,n)$, 在 $[x_{i-1}, x_i]$ 上任取一点 ξ_i, 作函数值 $f(\xi_i)$ 与小区间长度 Δx_i 的乘积 $f(\xi_i)\Delta x_i(i=1,2,\cdots,n)$, 并求和

$$s = \sum_{i=1}^{n} f(\xi_i)\Delta x_i.$$

记 $\lambda = \max\{\Delta x_i;\ i=1,\ 2,\ \cdots,\ n\}$, 如果当 $\lambda \to 0$ 时, 和 s 总是趋向于一个定值,

则该定值便称为函数 $f(x)$ 在 $[a,\ b]$ 上的定积分, 记为 $\int_a^b f(x)\mathrm{d}x$, 即

$$\int_a^b f(x)\mathrm{d}x = \lim_{\lambda \to 0} \sum_{i=1}^n f(\xi_i)\Delta x_i \tag{5.1}$$

其中, $\sum\limits_{i=1}^n f(\xi_i)\Delta x_i$ 称为函数 $f(x)$ 在区间 $[a,\ b]$ 上的积分和.

从定积分来源及定义可以看出, 定积分蕴含了对立统一、量变到质变以及否定之否定等辩证法思想, 比如常量与变量、近似与精确、变与不变等矛盾的对立统一; 而 "分割" 是对所求总量的否定, 其目的是得到局部 "近似" 值, "求和" 又是对局部的否定, 否定之否定后得到所求量的近似, 最后的 "取极限" 则体现了量变到质变, 由此得到了所求量的精确值.

1.2　定积分的几何意义

定积分 $\int_a^b f(x)\mathrm{d}x$ 在几何上, 当 $f(x) \geqslant 0$ 时, 表示由曲线 $y = f(x)$, 直线 $x = a$、直线 $x = b$ 与 x 轴所围成的曲边梯形的面积; 当 $f(x) \leqslant 0$ 时, 表示由曲线 $y = f(x)$、直线 $x = a$、直线 $x = b$ 与 x 轴所围成的曲边梯形的面积的负值; 一般情况下, 如图 5.1 所示, $f(x)$ 在区间 $[a, b]$ 上的定积分表示介于曲线 $y = f(x)$, 两条直线 $x = a$, $x = b$ 与 x 轴之间的各部分面积的代数和.

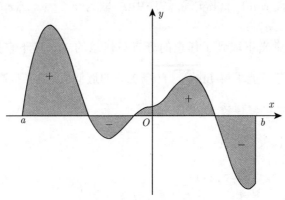

图 5.1　定积分几何意义

1.3　定积分存在的两个充分条件

(1) 设 $f(x)$ 在区间 $[a, b]$ 上连续, 则 $f(x)$ 在 $[a, b]$ 上可积.

(2) 设 $f(x)$ 在区间 $[a,\ b]$ 上有界, 且只有有限多个间断点, 则 $f(x)$ 在 $[a,\ b]$ 上可积.

§2　实验内容与练习

2.1　由定义计算定积分

在定积分的定义中, 划分积分区间的方法与在每个小区间上取的点 ξ_i 都是任意的, 求积分和极限时要求每个小区间长度的最大值 λ 趋向于 0, 这些都给我们直接由定义来验证一个定积分是否存在带来了很大的困难. 在这里, 我们借助于计算机, 按照定义的要求, 对积分和的极限作近似计算, 根据结果, 对定积分是否存在作出判断. 下面以积分 $\displaystyle\int_0^1 x^2 \mathrm{d}x$ 为例来说明这个问题.

首先在区间 $[0,1]$ 中插入 $n-1$ 个分点, 为使分点任意, 可用能产生随机数的函数 rand( ); 为保证分割加细时, 各小区间的长度趋于 0, 在取分点时, 让相邻两分点间的距离小于 $\dfrac{2}{n}$. 在下列给出的程序中分点取为 $x_i = \dfrac{i}{n} + \dfrac{u_i}{n}$ (u_i 为 $[0,1]$ 上随机数, $i = 1, 2, \cdots, n-1$), 因 $0 \leqslant u_i \leqslant 1$, 故

$$|x_i - x_{i-1}| = \left| \frac{1}{n} + \frac{1}{n}(u_i - u_{i-1}) \right| \leqslant \frac{1}{n} + \frac{1}{n} = \frac{2}{n}$$

其次在每个小区间 $[x_{i-1},\ x_i](i = 1, 2, \cdots, n)$ 上任取一点 ξ_i, 为使 ξ_i 具有任意性, 我们同样利用函数 rand( ) 来实现, 程序中 ξ_i 取为 $x_{i-1} + v_i \Delta x_i$ (v_i 为 $[0,1]$ 上随机数, $i = 1, 2, \cdots, n$).

我们在一定意义下取到了任意的分点与任意的 ξ_i, 接下来只要计算积分和 $\displaystyle\sum_{i=1}^{n} f(\xi_i)\Delta x_i$, 就有可能求得 $\displaystyle\lim_{\lambda \to 0} \sum_{i=1}^{n} f(\xi_i)\Delta x_i$ 的近似值. 为了提高精确度, 我们让分点不断增多反复进行计算.

计算程序如下.

```
clear all
f=inline('x^2');a=0;b=1;
n=20; % n为分割成的小区间个数,初始值取为20
x=[];
x(1)=a;
for k=1:6
    x(n+1)=b;s=0;
    for i=1:n-1
```

```
        x(i+1)=(i+rand)*(b-a)/n;%取区间的分割点
    end
    for i=1:n
    dxi=x(i+1)-x(i);%计算第i个区间的长度
    c=x(i)+dxi*rand;%在第i个区间上任取一点
    s=s+f(c)*dxi; %逐步求积分和
    end
fprintf('n=%g,   s=%g\n',n,s);
n=n*2;
end
```

程序中分割小区间的个数 n 的初值取为 20, 然后每循环一次放大一倍, 共放大了 5 次, 这样做的目的是尽快获得结果, 当然我们也可取其他的值作为 n 的初值, 也可以用其他的方式让 n 增大. 程序某次运行结果为

```
n=20,    s=0.340088
n=40,    s=0.335021
n=80,    s=0.333965
n=160,   s=0.333266
n=320,   s=0.333431
n=640,   s=0.333373
```

由分割的任意性及 ξ_i 的任意性, 我们有理由认为, 即使 n 固定, 每次运行该程序所得的结果也很可能是不同的. 事实上, 在实验时得到了表 5.1.

表 5.1 根据定义求得的定积分 $\displaystyle\int_0^1 x^2 \mathrm{d}x$ 的近似值

n	第 1 次	第 2 次	第 3 次	第 4 次	第 5 次
20	0.331834	0.331079	0.334616	0.327094	0.337772
40	0.33349	0.332893	0.333372	0.332708	0.333732
80	0.33451	0.333337	0.333497	0.333284	0.332661
160	0.333473	0.333061	0.333394	0.33343	0.333124
320	0.333346	0.333462	0.333234	0.333469	0.333378
640	0.333327	0.333365	0.333343	0.333359	0.333333

表中任何两个数据都不完全相同, 但可看出它们间的差异不是很大, 特别是最后一行当 $n = 640$ 时, 5 次运行的结果前 4 位有效数字是一样的, 故我们猜测: 定积分 $\displaystyle\int_0^1 x^2 \mathrm{d}x$ 是存在的, 且其值约为 0.3333.

练习 1 选取其他的函数与区间来判断定积分是否存在.

2.2 从图形观察积分和与定积分的关系

定积分 $\int_a^b f(x)\mathrm{d}x$ 在几何上表示由曲线 $y = f(x)$、直线 $x = a$, $x = b$ 及 x 轴围成的曲边梯形面积, 而积分和 $\sum_{i=1}^{n} f(\xi_i)\Delta x_i$ 在几何上表示 n 个小矩形的面积和, 其中第 i 个小矩形的高为 $f(\xi_i)$, 宽为 Δx_i. 下面我们以 $\int_0^{\frac{\pi}{2}} \sin x\mathrm{d}x$ 为例从图形上来观察随着分割点的增多, 积分和是否越来越接近定积分的值.

```
clear x a b;
f=inline('sin(x)');a=0;b=pi/2;n=0;
syms x;
axis manual;
set(gca,'nextplot','replacechildren');
for j=3:20:103
    n=j; t(1)=a;t(n+1)=b;
    for i=1:n-1
        t(i+1)=(i+rand)*(b-a)/n;
    end
        ezplot(f(x),[a,b]);
    hold on;
    for i=1:n
        c=t(i)+(t(i+1)-t(i))*rand;
        bar((t(i)+t(i+1))/2,f(c),t(i+1)-t(i));
    end
    text(1,1,[num2str(j),'个分割点']);
    M(:,(j-3)/20+1)=getframe;
    hold off;
end
movie(M,10,1)
```

选择特殊的 n 值, 将上面程序略加修改后, 可得到图 5.2.

图 5.2 中阴影部分为积分和, 从图中可看出在分割点为 20 时, 阴影部分的上边界还很粗糙, 当分割点为 80 时该边界已比较光滑, 若再增加分割点的个数, 当分割点为 640 时, 已很难看出该边界与曲线 $y = \sin x$ 有什么地方不一样了, 这说明此时用积分和近似定积分产生的误差已非常小.

练习 2 修改程序中的函数与区间, 从图形中观察其他的定积分与相应的积分和之间的关系.

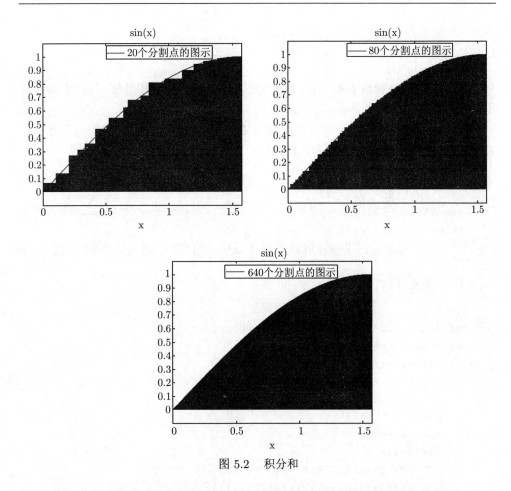

图 5.2　积分和

2.3　用定义计算积分值的简化

前面直接用定义计算积分和的方法显得很烦琐, 为了使计算简单些, 现对定义中的积分和略加分析：设函数 $f(x)$ 在每个小区间 $[x_{i-1}, x_i]$ 上有最大、最小值, 分别记为 M_i 与 m_i $(i=1, 2, \cdots, n)$, 则有

$$m_i\Delta x_i \leqslant f(\xi_i)\Delta x_i \leqslant M_i\Delta x_i \quad (i = 1, 2, \cdots, n)$$

将它们求和得到

$$\sum_{i=1}^{n} m_i\Delta x_i \leqslant \sum_{i=1}^{n} f(\xi_i)\Delta x_i \leqslant \sum_{i=1}^{n} M_i\Delta x_i \tag{5.2}$$

记

$$\bar{s} = \sum_{i=1}^{n} M_i \Delta x_i, \quad \underline{s} = \sum_{i=1}^{n} m_i \Delta x_i$$

分别称之为上积分和与下积分和. 很明显, 若用积分和近似积分值, 其产生的误差不超过上下积分和之差.

若当 λ 趋向于 0 时, $\bar{s}$ 与 $\underline{s}$ 的极限皆存在且相等, 则 s 的极限即定积分也存在, 且等于上积分和或下积分和的极限.

函数 $f(x) = x^2$ 在区间 $[0,1]$ 上是单调增加的, 故在每个小区间 $[x_{i-1}, x_i](i = 1, 2, \cdots, n)$ 上, 其最大值 $M_i = f(x_i)$, 最小值 $m_i = f(x_{i-1})$, 于是 $\bar{s} = \sum\limits_{i=1}^{n} f(x_i) \Delta x_i$, $\underline{s} = \sum\limits_{i=1}^{n} f(x_{i-1}) \Delta x_i$. 以下程序可以说明 $\int_0^1 x^2 \mathrm{d}x$ 的存在, 因为只要分割点数充分多, $\bar{s}$ 与 $\underline{s}$ 的差可以任意小.

```
clear t;
f=inline('x^2');a=0;b=1;s0=1;s1=0;n=20;t=[];
while abs(s0-s1)>10^-4
    t(1)=a;t(n+1)=b;
    for i=1:n-1
        t(i+1)=(i+rand())*(b-a)/n;
    end
    s0=0;s1=0;
    for i=1:n
        s0=s0+f(t(i))*(t(i+1)-t(i));
        s1=s1+f(t(i+1))*(t(i+1)-t(i));
    end
    n=n*2;
end
fprintf('%s%s%g\n','x^2','在[0,1]上积分的近似值为',s0)
```

运行结果为

```
x^2 在[0,1]上积分的近似值为0.333305
```

当定积分存在时, 所有任取的积分和在 λ 趋向于 0 时的极限都相同, 此时可以选择较简单的划分与简单的 ξ_i, 一般的做法是将区间等分, 且让小区间的某端点作为 $\xi_i(i = 1, 2, \cdots, n)$, 这样积分和便成为

$$\sum_{i=1}^{n} f\left(a + \frac{b-a}{n}(i-1)\right)\frac{b-a}{n} \tag{5.3}$$

或

$$\sum_{i=1}^{n} f\left(a + \frac{b-a}{n}i\right)\frac{b-a}{n} \tag{5.4}$$

对于连续函数的定积分, 用这两个式子来近似计算是比较简单的.

例 1 用 (5.3) 式或 (5.4) 式近似计算定积分 $\int_0^M x\mathrm{d}x$(其中 M 为正数).

解 因被积函数 $f(x) = x$ 在 $[0, M]$ 上单调增加, 所以由 (5.3) 式与 (5.4) 式确定的分别是积分 $\int_0^M x\mathrm{d}x$ 的下积分和与上积分和. 下面的程序将得到当 $M = 1, 2, 3, 4, 5, 6$ 时的上、下积分和及用它们近似相应的定积分的误差限.

```
clear x;
f=inline('x');
k=50000;a=0;
for M=1:6
    b=M;s0=0;s1=0;
    for i=1:k
        s0=s0+f(a+(b-a)*i/k)*(b-a)/k;
        s1=s1+f(a+(b-a)*(i-1)/k)*(b-a)/k;
    end
    e=abs(s0-s1);
    fprintf('%g,%g,%g,%g,%g\n',M,s0,s1,e,(s0+s1)/2);
end
```

我们将结果列成表 5.2.

表 5.2 $\int_0^M x\mathrm{d}x$ 的近似值

M	上积分和	下积分和	误差限	积分近似值
1	0.50001	0.49999	0.00002	0.50000
2	2.00004	1.99996	0.00008	2.00000
3	4.50009	4.49991	0.00018	4.50000
4	8.00016	7.99984	0.00032	8.00000
5	12.5003	12.4998	0.0005	12.5000
6	18.0004	17.9996	0.00072	18.0000

由上面的结果知道, 不管用上积分和还是下积分和近似积分值, 产生的误差都非常小. 不过, 若用上、下积分和的均值作为定积分的近似值, 似乎更合理. 我们将此值列在表 5.2 的最后一列.

我们知道, 最后一列数据直接依赖第一列的 M 值, 或者说, 这列的积分值是 M 的函数, 那么它们与第一列的数据有怎样的关系呢?

若将第一列的 M 值平方, 会得到 $1, 4, 9, 16, 25, 36.$ 这些值刚好是最后一列相应数的两倍, 也就是说, 最后一列数与第一列数之间近似地满足函数关系 $y = F(x) = \dfrac{1}{2}x^2.$

以上仅仅是当 M 为正整数 $1, 2, \cdots, 6$ 时得到的结论, 当 M 为其他的数时该结论是否仍然成立呢? 这个问题请读者回答.

练习 3　当 M 为一般的实数时, 近似计算定积分 $\displaystyle\int_0^M x\mathrm{d}x$, 并验证近似值与 M 之间是否满足函数关系 $y = F(x) = \dfrac{1}{2}x^2.$

练习 4　用积分和近似计算定积分 $\displaystyle\int_0^M x^n\mathrm{d}x$ (n 为自然数), 将结果填入表 5.3 (每一格中填入相应的积分近似值与误差), 并寻找近似值与参数 M, n 之间的函数关系.

表 5.3 $\displaystyle\int_0^M x^n\mathrm{d}x$ 的近似值

M ＼ n	1	2	3	4	5	6	近似值与 n 的关系
-3	4.50000						
	0.00018						
-2	2.00000						
	0.00008						
-1	0.50000						
	0.00002						
1	0.50000	0.33333	0.25000	0.20000	0.166667	0.142857	$\approx \dfrac{1}{n+1}$
	0.00002	0.00002	0.00002	0.00002	0.00002	0.00002	
2	2.00000						
	0.00008						
3	4.50000						
	0.00018						
近似值与 M 的关系	$\approx \dfrac{M^2}{2}$						

练习 5　用积分和近似计算定积分 $\displaystyle\int_1^2 x^K\mathrm{d}x$ (K 值如表 5.4), 将计算结果填入表 5.4, 寻找积分值与 K 之间的关系.

表 5.4 $\int_1^2 x^K \mathrm{d}x$ 的近似值

K	-3	-2	0	1	2	3	近似值与 K 的关系
积分值							
误差							

练习 6 寻找练习 4、练习 5 的结果与被积函数之间的关系.

练习 7 在 MATLAB 中可用命令 `rsums` 得到定积分的近似值及其交互图形界面, 试运行如下程序.

```
disp('交互近似积分');
f=input('请输入被积函数表达式, f(x)=','s');
A=input('请给出积分区间,[a,b]=');
a=A(1);b=A(2);
rsums(f,a,b)
```

2.4 定积分近似计算的梯形法

在数值计算中, 称用 (5.3) 与 (5.4) 式近似定积分的方法为矩形法, 这是因为这两个式子在几何上表示一些矩形面积的和. 在近似计算中也常用式子

$$\left\{ \frac{f(a)+f(b)}{2} + \sum_{i=1}^{n-1} f\left(a+i\frac{b-a}{n}\right) \right\} \frac{b-a}{n} \tag{5.5}$$

来求定积分 $\int_a^b f(x)\mathrm{d}x$. 该式是 $\sum_{i=1}^n f\left(a+\frac{b-a}{n}(i-1)\right)\frac{b-a}{n}$ 和 $\sum_{i=1}^n f\left(a+\frac{b-a}{n}i\right)\frac{b-a}{n}$ 的平均, 它在几何上表示一些梯形面积的和, 故它被称为近似计算定积分的梯形法.

例 2 用 (5.5) 式近似计算定积分 $\int_0^1 \mathrm{e}^x\mathrm{d}x$.

解 我们知道 $f(x)=\mathrm{e}^x$ 在 $[0,1]$ 上连续, 所以定积分 $\int_0^1 \mathrm{e}^x\mathrm{d}x$ 存在. 现将区间 $[0,1]$ 均分为 n 等份, 由梯形公式 (5.5) 得

$$\int_0^1 \mathrm{e}^x\mathrm{d}x \approx \frac{1}{2n}\left(1+\mathrm{e}+2\sum_{i=1}^{n-1}\mathrm{e}^{\frac{i}{n}}\right) = \frac{1}{2}\left(\sum_{i=1}^n \mathrm{e}^{\frac{i-1}{n}}\frac{1}{n} + \sum_{i=1}^n \mathrm{e}^{\frac{i}{n}}\frac{1}{n}\right)$$

利用此式, 编程如下:

```
f=@exp;a=0;b=1;
s0=1;s1=0;n=20;m=6;
while abs(s0-s1)>10^-m
  s1=s0;
  i=1:n;
  s0=sum((f(a+(i-1)*(b-a)/n)*(b-a)/n+f(a+i*(b-a)/n)*(b-a)/n)/2);
  n=n*2
end
fprintf('%s%s%g\n','exp(x)','在[0,1]上的积分约为',s0)
```

运行结果为

```
exp(x)在[0,1]上的积分约为1.71828
```

上面的数据 1.71828 除了整数位外, 小数部分的前 5 位与 e 的前 5 位完全一样. 如果我们将计算的精度提高, 会得到什么结论呢?

练习 8　将程序中的精度参数 m 改为 8, 观察程序执行的结果, 其小数部分的前 7 位与 e 相应位置的数字是否一样?

练习 9　将计算精度继续提高, 根据结果归纳定积分 $\int_0^1 e^x \mathrm{d}x$ 与 e 之间的关系.

练习 10　用梯形法近似计算定积分 $\int_0^1 \dfrac{4}{1+x^2}\mathrm{d}x$, 在确信达到较高的精度后, 分析结果与 π 的差异.

练习 11　进一步分析以上例子和练习的结果与被积函数及积分区间之间的关系, 你是否已得到了定积分计算的普遍规律, 并尽可能多地举例验证这个规律.

2.5　定积分近似计算的 Monte Carlo 方法

设函数 $f(x)$ 定义在区间 $[a, b]$ 上, 当 $a \leqslant x \leqslant b$ 时, 有 $0 \leqslant f(x) \leqslant H$, 其中 H 是某个非负数 (图 5.3). 今向图中的矩形内随机投点, 对于位于曲线 $y = f(x)$ 下方的图形, 其面积的一种合理估计应该是矩形的面积乘以落在该图形内的随机点个数占总随机点数的百分比, 即

$$H \times (b-a) \times \frac{s}{m}$$

其中, m 为随机点总数, s 是落在位于曲线 $y = f(x)$ 下方的图形中的随机点

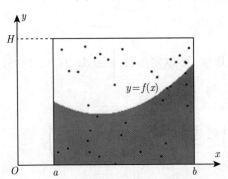

图 5.3　Monte Carlo 方法示意图

个数. 上面的结论意味着下式成立

$$\int_a^b f(x)\mathrm{d}x \approx H \times (b-a) \times \frac{s}{m} \qquad (5.6)$$

作为例子, 我们用上面的方法来求定积分 $\int_0^1 \mathrm{e}^x \mathrm{d}x$, 为此, 编程如下.

```
a=0;b=1;m=1000;
s=0;H=exp(1);  %s设置为落在曲边梯形内的点数
for i=1:m
    xi=rand();yi=H*rand();
    if yi<exp(xi)
        s=s+1;
    end  %如果随机点落在曲边梯形内,s增加1
end
fprintf('%s%g\n','exp(x)在[0,1]上的积分约等于',H*(b-a)*s/m)
```

练习 12 运行上面的程序 (多运行几次, m 的值可以换成更大的数), 将结果与前面用梯形法求得的结果相对照.

练习 13 运用 Monte Carlo 方法求定积分 $\int_1^2 x^K \mathrm{d}x (K$ 的取值见练习 5) 与 $\int_0^M x^n \mathrm{d}x (n>0$, 见练习 4).

函数 $f(x)$ 在区间 $[a,\ b]$ 上的平均值是 $\dfrac{1}{b-a}\displaystyle\int_a^b f(x)\mathrm{d}x$, 如果我们随机地在区间 $[a,\ b]$ 中选择 m 个点 $x_i, 1 \leqslant i \leqslant m$, 则可以用 $\dfrac{1}{m}\displaystyle\sum_{i=1}^m f(x_i)$ 来近似地求 $f(x)$ 在区间 $[a,\ b]$ 上的平均值, 即

$$\int_a^b f(x)\mathrm{d}x \approx \frac{b-a}{m}\sum_{i=1}^m f(x_i) \qquad (5.7)$$

练习 14 试用 (5.7) 式计算前面给出的定积分.

2.6 用 MATLAB 软件求符号函数的积分

在 MATLAB 软件中, 用语句 `int('f(x)',x,a,b)`, 可求出符号函数 $f(x)$ 的定积分 $\int_a^b f(x)\mathrm{d}x$. 如果要计算不定积分只要将该语句中的 a,b 去掉, 成为语句 `int('f(x)',x)` 即可, 但一般在使用前需先申明 x 是符号变量. 当然有的时候,

用该语句得不到任何结果, 一般是因为 $f(x)$ 的原函数不能用初等函数来表示. 以下我们举例说明.

例 3　求定积分 $\int_0^{\frac{\pi}{2}} \sin x \, \mathrm{d}x$ 与 $\int_0^{\pi} \dfrac{\sin x}{1+\cos^2 x} \mathrm{d}x$.

```
>>syms x;
>>int(sin(x),x,0,pi/2)
ans =
     1
>>int(sin(x)/(1+(cos(x))^2),x,0,pi)
ans =
pi/2
```

例 4　求 $\int_{\frac{\pi}{4}}^{\frac{\pi}{3}} \sin^2 x \cos^3 x \, \mathrm{d}x$.

方法一:

```
>>syms x;
>>int((sin(x))^2*(cos(x))^3,x,pi/4,pi/3)
ans =
(11*3^(1/2))/160 - (7*2^(1/2))/120
```

方法二:

```
>>syms x;
>>s=int((sin(x))^2*(cos(x))^3,x);
>>subs(s,x,pi/3)-subs(s,x,pi/4)
ans =
(11*3^(1/2))/160 - (7*2^(1/2))/120
```

如果用 int 语句计算积分 $\int_0^{\pi} \dfrac{x \sin x}{1+\cos^2 x} \mathrm{d}x$, 则不能求出结果.

例 5　计算 $\int_1^y \ln x \, \mathrm{d}x$.

```
>>syms x y;
>>int(log(x),x,1,y)
ans =
 y*(log(y) - 1) + 1
```

上面我们看到, 用 int 语句可计算出变上限积分.

§3　本实验涉及的 MATLAB 软件语句说明

1. rand()

产生 0 至 1 之间的一个实数.

2. bar((t(i)+t(i+1))/2,f(c),t(i+1)-t(i))

画一直方图, 底边中点为 (t(i)+t(i+1))/2, 高 f(c), 宽度为 t(i+1)-t(i).

3. rsums(f,a,b)

计算函数 $f(x)$ 在 $[a,b]$ 上定积分的近似值, 并画出相应的图形, 该图形是一个交互近似积分界面, 可以通过调整积分矩形的个数获得积分更高的近似值.

4. int(f)

计算函数 $f(x)$ 的不定积分.

实验六　级数与函数逼近

【实验目的】

(1) 学会级数敛散性的数值判别;

(2) 加深对函数项级数的认识并了解与此相关的函数逼近知识.

在实际问题中经常要计算一些函数的数值, 而这些函数往往比较复杂, 处理这种问题的一个有效的方法是, 将函数展开成通项为简单函数的级数, 当级数收敛时, 取其有限项的和作为要计算的函数值的近似. 这本质上是用简单函数的叠加近似所给的函数, 属于函数逼近问题. 本实验将从直观上帮助读者对级数进一步认识, 并直观地介绍有关函数逼近的知识.

§1　基 本 理 论

1.1　常数项级数

设有一数列 $u_1, u_2, \cdots, u_n, \cdots$, 我们称

$$u_1 + u_2 + \cdots + u_n + \cdots \tag{6.1}$$

为无穷级数, 简称级数, 记作 $\displaystyle\sum_{n=1}^{+\infty} u_n$, 其中 u_n 称为级数的通项或一般项.

由下式确定的数列 $\{S_n\}$ 称为级数 $\displaystyle\sum_{n=1}^{+\infty} u_n$ 的部分和数列

$$S_n = u_1 + u_2 + \cdots + u_n$$

当 $\{S_n\}$ 的极限存在时, 称级数 (6.1) 收敛, 否则称级数 (6.1) 发散.

1.2　Taylor 级数

若函数 $f(x)$ 在点 x_0 处存在任意阶导数, 则称下列幂级数

$$f(x_0) + f'(x_0)(x - x_0) + \cdots + \frac{f^{(n)}(x_0)}{n!}(x - x_0)^n + \cdots = \sum_{n=0}^{+\infty} \frac{f^{(n)}(x_0)}{n!}(x - x_0)^n \tag{6.2}$$

为 $f(x)$ 在 $x = x_0$ 处的 Taylor 级数; 称

$$p_n(x) = f(x_0) + f'(x_0)(x - x_0) + \cdots + \frac{f^{(n)}(x_0)}{n!}(x - x_0)^n$$

为 $f(x)$ 在 $x = x_0$ 处的 n 阶 Taylor 多项式. 而 $R_n(x) = f(x) - p_n(x)$ 称为 Taylor 公式余项.

Taylor 级数 (6.2) 在区间 $(x_0 - R, x_0 + R)$ 内收敛于 $f(x)$ 的充要条件是: 当 $n \to +\infty$ 时, 对区间 $(x_0 - R, x_0 + R)$ 内的所有 x, $R_n(x)$ 都趋于 0.

1.3 Fourier 级数

设 $f(x)$ 是以 2π 为周期的周期函数, 在任一周期内, $f(x)$ 除在有限个第一类间断点外都连续, 并且只有有限个极值点, 则 $f(x)$ 可以展为 Fourier 级数

$$\frac{a_0}{2} + \sum_{n=1}^{+\infty} (a_n \cos nx + b_n \sin nx) \tag{6.3}$$

其中

$$\begin{cases} a_n = \dfrac{1}{\pi} \displaystyle\int_{-\pi}^{\pi} f(x) \cos nx \mathrm{d}x & (n = 0, 1, 2, \cdots), \\ b_n = \dfrac{1}{\pi} \displaystyle\int_{-\pi}^{\pi} f(x) \sin nx \mathrm{d}x & (n = 1, 2, \cdots) \end{cases} \tag{6.4}$$

Fourier 级数 (6.3) 在任一点 x_0 处收敛于 $\dfrac{f(x_0 - 0) + f(x_0 + 0)}{2}$.

Taylor 级数和 Fourier 级数本质上都是利用多项式函数或三角函数的叠加, 去逼近已知函数得到的. 上面指出了当多项式的项数或三角函数的项数趋向于无穷时, 逼近所产生的误差就有可能趋向于 0.

§2 实验内容与练习

2.1 数项级数的敛散性

对于数项级数的敛散性的判别, 高等数学教材中有许多可依赖的定理, 根据这些定理和其他有关结论, 我们可以归纳出判别一个通项已知的级数是否收敛的一般步骤:

第 1 步, 通项 U_n 是否趋于 0, 若是, 进入第 2 步; 否则级数发散, 转到第 7 步.

第 2 步, 令 $V_n = |U_n|$.

第 3 步, 令 $\rho = \lim\limits_{n \to +\infty} \dfrac{V_{n+1}}{V_n}$,

(1) 若 $\rho < 1$, 则级数收敛, 转到第 7 步;

(2) 若 $\rho > 1$ 或为 $+\infty$, 则级数发散, 转到第 7 步;

(3) 若 $\rho = 1$, 则进入第 4 步.

第 4 步, 用比较法判别 $\sum V_n$ 的敛散性.

(1) 取参数 p 的初值为 0, 给定一个较小的步长 h, 并让 p 增加一个步长,

(i) 判别 p 是否不超过 1, 若是, 进入 (ii), 否则进入 (2);

(ii) 计算 $l = \lim\limits_{n\to +\infty} n^p V_n$, 若 $l \neq 0$, 则级数 $\sum V_n$ 发散, 并转入第 5 步, 若 $l = 0$, 进入 (iii);

(iii) 让 $p = p + h$, 并转到 (i).

(2) 若 $h < \varepsilon(\varepsilon$ 需事先给出$)$, 转第 6 步.

(3) 计算 $l = \lim\limits_{n\to +\infty} n^p V_n$, 若 $l < +\infty$, 则级数 $\sum U_n$ 绝对收敛, 转到第 7 步; 否则转 (4).

(4) 让 $h = h/10$, 并令 $p = 1 + h$, 转到 (2).

第 5 步, 判别 $\sum U_n$ 是否为交错级数, 若是, 用 Leibniz 定理判别: 若 $V_{n+1} < V_n$, 则 $\sum U_n$ 收敛, 否则转入第 6 步.

第 6 步, 用 $\sum U_n$ 的部分和数列讨论其是否收敛.

第 7 步, 结束.

例 1　按以上的步骤编程判别级数 $1 - \dfrac{1}{2} + \dfrac{1}{3} - \dfrac{1}{4} + \cdots + (-1)^{n-1}\dfrac{1}{n} + \cdots$ 的收敛性.

解

```
clear u v x n;
syms x n;
u=inline('(-1)^(x-1)/x');
v=inline('1/x');
e=10^(-3);r=0; % 将r设置为是否需用部分和数列判别收敛性的参数
u0=limit(v(n),n,inf);
if u0~=0
    disp('该级数发散'); %验证通项是否趋于0
else
    v0=limit(v(n+1)/v(n),n,inf);
    if eval(v0)<1
        disp('级数绝对收敛');r=1;%比值法判别是否绝对收敛
    elseif eval(v0)>1
        disp('该级数发散');r=1;
    else
```

```
h=0.2;p=h;
while p<=1
    l=limit(n^p*v(n),n,inf);
        if  l~=0
    r=1;
    disp('若级数为正项级数，它是发散的');
    k=fix(10^4*rand());%任取0-10000间的一个正整数k
    sgn=u(k)*u(k+1)/(v(k)*v(k+1));
    %对任选的整数k测试级数相邻两项是否异号
    if sgn<0 & v(k+1)<v(k)
        disp('该级数为交错级数，且条件收敛')
    end
        end
    p=p+h;
    end
    while h>e
        l=limit(n^p*v(n),n,inf);
        if l~=inf
            disp('级数绝对收敛');r=1;
        end
        h=h/10;p=1+h;
    end
    end
if r==0
    disp('需用部分和数列讨论其是否收敛')
end
end
```

运行该程序可得: 若级数为正项级数, 它是发散的, 该级数为交错级数, 且条件收敛.

当我们用计算速度很快的计算机编程时, 似乎只要用上面的步骤便可一劳永逸地判别任何数项级数的敛散性了, 不过实际情况是这样吗? 看下例:

例 2 用部分和数列判别级数 $1 - \dfrac{1}{2} + \dfrac{1}{3} - \dfrac{1}{4} + \cdots + (-1)^{n-1}\dfrac{1}{n} + \cdots$ 的收敛性.

解 我们如下编程, 并且在级数收敛时给出和的近似值.

```
nr=100;
m=4; % m设置为精度参数
syms n;
r0=eval(symsum((-1)^(n-1)/n,n,1,nr));
```

```
% r0设置为余项的近似值,由余项的前nr项相加所得,其初始值取为级数的
   %前nr项和
i=1;s=0;
while abs(r0)>10^(-m)&&i<=10^4
    r0=r0-(-1)^(i-1)/i+(-1)^(i+nr-1)/(i+nr);
    i=i+1;
end %寻找满足精度的项数i
if abs(r0)>10^(-m)
    disp('该级数发散');
else
    s=symsum((-1)^(n-1)/n,n,1,i-1);
    fprintf('%s%g\n','该级数收敛于',eval(s));
end
```

结果: 该级数收敛于 0.693905.

程序主观认为: 若当项数取到 10000 时, 余项 (后 100 项和) 的近似值还不满足精度要求, 便将级数视为发散的, 否则级数收敛.

练习 1　你对以上程序有何建议? 能否通过修改 nr, m 得到关于一个级数收敛性问题的两个不同的结论? 为什么?

其实, 在 MATLAB 软件中, symsum 语句可直接用来判别级数是否收敛, 如执行

```
symsum((-1)^(n-1)/n,n,1,inf)
symsum(n/2^n,n,1,inf)
symsum(1/n,n,1,inf)
```

可分别得到 $\sum\limits_{n=1}^{+\infty}(-1)^n\dfrac{1}{n}$ 收敛于 $\ln 2$, $\sum\limits_{n=1}^{+\infty}\dfrac{n}{2^n}$ 收敛于 2, $\sum\limits_{n=1}^{+\infty}\dfrac{1}{n}$ 发散.

对于 symsum(sqrt(n+1)-sqrt(n),n,1,inf), MATLAB 计算不出结果, 因此无法断定 $\sum\limits_{n=0}^{+\infty}(\sqrt{n+1}-\sqrt{n})$ 的敛散性.

练习 2　用 MATLAB 讨论下列级数的收敛性:

$(1)\ \sum\limits_{n=1}^{+\infty}\dfrac{1}{n^2};$ 　　　　$(2)\ \sum\limits_{n=2}^{+\infty}\dfrac{1}{n\ln n};$ 　　　　$(3)\ \sum\limits_{n=1}^{+\infty}\dfrac{1}{n\pi}\sin\dfrac{n}{2}.$

练习 3　总结前面的方法, 求级数 $\dfrac{1}{2}-1+\dfrac{1}{3}-\dfrac{1}{4}+\dfrac{1}{5}-\dfrac{1}{6}+\cdots$ $\Big($为级数

$\sum\limits_{n=1}^{+\infty}(-1)^{n-1}\dfrac{1}{n}$ 中的 u_{2n} 与 u_{2n-1} 交换所得$\Big)$ 与级数

$$1+\frac{1}{3}-\frac{1}{2}+\frac{1}{5}+\frac{1}{7}-\frac{1}{4}+\frac{1}{9}+\frac{1}{11}-\frac{1}{6}+\cdots$$

$\Big($由级数 $1-\dfrac{1}{2}+\dfrac{1}{3}+\cdots+(-1)^{n-1}\dfrac{1}{n}+\cdots$ 更换项的次序所得$\Big)$的和, 并与 $\sum\limits_{n=1}^{+\infty}(-1)^{n-1}\dfrac{1}{n}$

的和相比较.

2.2 通过图形观察级数的收敛性

如果我们将级数的所有部分和用竖直线段画出, 便得到类似条形码的图形, 通过这种图形可直接看出级数的收敛性.

```
figure;
sn=0;n=1;m=3;
while 1/n>10^-m
 sn=sn+(-1)^(n-1)/n;
 line([sn,sn],[0,1],'color',[abs(sin(n)),0,1/n]);
    %长度为 1 的竖直线段,线段的位置在sn处
 hold on;
 n=n+1;
end
axis([0.68,0.707,0,1]);
hold off
```

以上程序获得了级数 $\sum\limits_{n=1}^{+\infty}(-1)^{n-1}\dfrac{1}{n}$ 部分和 (不是全部) 的分布图, 从图 6.1 中可看出它收敛于 0.693 附近的一个数.

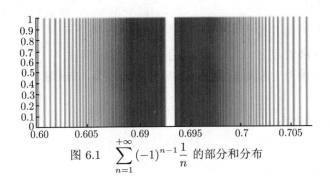

图 6.1 $\sum\limits_{n=1}^{+\infty}(-1)^{n-1}\dfrac{1}{n}$ 的部分和分布

练习 4　给出调和级数 $\sum\limits_{n=1}^{+\infty}\dfrac{1}{n}$ 的部分和分布图, 你会得到什么结论?

2.3　幂级数

MATLAB 软件中的 symsum 语句不仅可用来求数项级数的和, 还可用来求幂级数的和函数, 例如

```
syms x n;symsum(x^n/(n*3^n),n,1,inf)
symsum(n*x^n/'n!',n,1,inf)
```

可分别得级数 $\sum\limits_{n=1}^{+\infty}\dfrac{x^n}{n\cdot 3^n}$ 的和函数为 $-\ln\left(1-\dfrac{x}{3}\right)$, 级数 $\sum\limits_{n=1}^{+\infty}\dfrac{nx^n}{n!}$ 的和函数为 $\mathrm{e}^x x$.

然而, 正如我们看到的那样, 用 symsum 语句得不到幂级数的收敛半径和收敛区间. 要求一个幂级数的收敛半径和收敛区间, 我们可以像手算那样根据有关结论去求, 也可以用计算机做些数值实验来判断.

练习 5　对函数项级数 $\sum\limits_{n=2}^{+\infty}(-1)^n\dfrac{x^n}{\sqrt{n^2-n}}$, 讨论当 $x=-1.4,-1.2,-0.8,\cdots$, $1.2,1.4$ 时的收敛性, 根据结果判断该级数的收敛区间, 并给出和函数在收敛区间内的图形.

对幂级数来说, 除了要会求幂级数的和函数外, 还存在着将函数展开为幂级数的问题, 其目的就是求一个幂级数收敛到已知的函数, 这等价于用一系列多项式逼近已知函数.

例 3　求函数 $f(x)=(1+x)^6$ 在 $x=0$ 处的 5 阶 Taylor 展式.

解　用

```
syms x; taylor((1+x)^6,x,0,'order',5)
```

(注: 在较早版本的 MATLAB 中, 命令为 taylor((1+x)^6,x,5)) 可得 $(1+x)^6$ 的 Taylor 展式为

```
1+6*x+15*x^2+20*x^3+15*x^4
```

练习 6　求函数 $f(x)=\sqrt{1+x^2}$ 的 2 阶 Taylor 展式.

下面我们从图形上来观察多项式逼近函数的过程, 以函数 $f(x)=\sin x$ 为例:

```
syms x;
f=inline('sin(x)');
g=0;
for i=0:10
    s=diff(f(x),x,i);
```

```
s1=subs(s,x,0);
g=g+s1*x^i/ factorial(i);
if i==1|i==4|i==7|i==10
    subplot(2,2,1+(i-1)/3);
    ezplot(f(x),[0,2*pi]);
    hold on;
    ezplot(g,[0,2*pi]);
    axis([0,6,-4,4]);
    title(i);
end
end
hold off
```

运行后的部分图形见图 6.2.

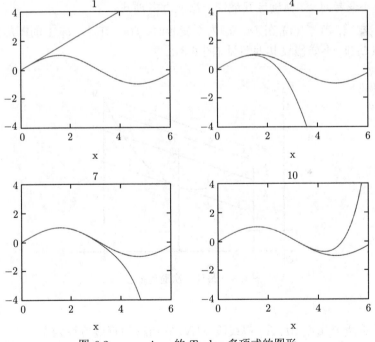

图 6.2　$y = \sin x$ 的 Taylor 多项式的图形

　　图 6.2 中变动的曲线依次为 $y = \sin x$ 的 1, 5, 8, 10 阶 Taylor 多项式的图形, 我们看到: 阶数越高, Taylor 多项式与其函数之间的差异越小. 这说明, 在 Taylor 级数的收敛区间内, 要取到函数的比较满意的近似值, 选取的部分和阶数必须足够高. 对于连续函数 $f(x)$, 在某个闭区间内, 能不能找到一个既近似程度好, 又阶

数不是很高的多项式呢? 在这里, 我们做一些讨论: 如何寻找函数的最佳一次逼近多项式.

2.4　最佳一次逼近多项式

用多项式逼近函数, 当次数固定时, 存在着最佳逼近多项式, 所谓最佳, 就是产生的误差最小, 而误差通常是指最大偏差, 具体如下: 设 $f(x) \in C[a,b]$($C[a,b]$ 表示 $[a,b]$ 上连续函数的集合), 则在 $[a,b]$ 上以多项式 $P(x)$ 代替函数 $f(x)$ 产生的最大偏差为 $\max\limits_{a \leqslant x \leqslant b} |f(x) - P(x)|$.

在上面这种意义下的最佳逼近多项式称为最佳一致逼近多项式, 一般而言, Taylor 多项式非最佳一致逼近多项式. 在理论上, 若函数 $f(x)$ 在闭区间 $[a, b]$ 上连续, 则在该区间内 $f(x)$ 存在唯一一个 n 次最佳一致逼近多项式, 但是, 要求出 $f(x)$ 的 n 次最佳一致逼近多项式却非常困难. 下面我们仅讨论当 $f''(x)$ 在 (a, b) 内不变号时, 如何确定其最佳一次逼近多项式.

我们知道, 当 $f''(x)$ 在 (a, b) 内不变号时, $f(x)$ 在 $[a, b]$ 上的图形是一段凹弧或一段凸弧, 不妨假设其为凹弧 (图 6.3).

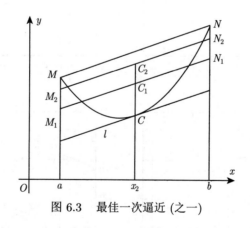

图 6.3　最佳一次逼近 (之一)

现连接两个端点 M, N, 得线段 MN, 它所在的直线方程为

$$y = f(a) + \frac{f(b) - f(a)}{b - a}(x - a) \tag{6.5}$$

因弧段 $y = f(x)$ $(a \leqslant x \leqslant b)$ 光滑, 而 $f(x)$ 的二阶导数不变号, 故在该弧段内存在唯一的一点 $C(x_2, f(x_2))$, 此点到线段 MN 的距离最远. 所以, 此 x_2 一定

也是函数 $f(a) + \dfrac{f(b) - f(a)}{b - a}(x - a) - f(x)$ 在 $[a, b]$ 上的最大值点, 因而有

$$f'(x_2) = \frac{f(b) - f(a)}{b - a} \tag{6.6}$$

这说明弧段在 C 处的切线 l 平行于 MN. 今让直线 M_1N_1 平行于 MN 及 l, 并位于 MN 与 l 的正中间, 则该直线位于区间 $[a, b]$ 内的部分 M_1N_1 就是所要求的最佳一次逼近多项式函数的图形. 对于位于 $[a, b]$ 区间内的任意其他的直线段 M_2N_2, 下面就 M_2N_2 的不同位置来说明上述结论.

(1) 若 M_2N_2 平行 M_1N_1(图 6.3), 显然有

$$\max\{\,|MM_2|, |NN_2|, |CC_2|\,\} > |MM_1| = |NN_1| = |CC_1|$$

(2) 若 M_2N_2 与 M_1N_1 相交 (图 6.4), 且交点在 (a, b) 内, 则其两个端点 M_2, N_2 中, 总有一个位于 M_1N_1 对应端点的下方, 故也有

$$\max\{\,|MM_2|, |NN_2|, |CC_2|\,\} > |MM_1| = |NN_1| = |CC_1|$$

(3) 若 M_2N_2 与 M_1N_1 相交, 且交点不在 (a, b) 内, 如图 6.5, 可直接看出上式是成立的.

因此在使 $\max\limits_{a \leqslant x \leqslant b} |f(x) - p_1(x)|$ 最小的意义下, 直线段 M_1N_1 最佳.

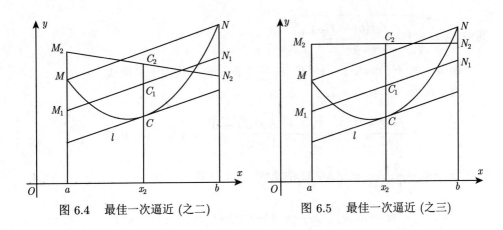

图 6.4 最佳一次逼近 (之二)　　　　图 6.5 最佳一次逼近 (之三)

现在, 我们来求 M_1N_1 所在的直线方程, 由前面的讨论知, 直线 L 的方程为

$$y = f(x_2) + f'(x_2)(x - x_2)$$

即

$$y = f'(x_2)x + f(x_2) - f'(x_2)x_2 \tag{6.7}$$

而 MN 的方程 (6.5) 即为

$$y = \frac{f(b) - f(a)}{b - a}x + f(a) - \frac{f(b) - f(a)}{b - a}a \tag{6.8}$$

因 M_1N_1 平行于 MN 与 L, 且位于这两条平行直线的正中间, 故它的方程为

$$y = \frac{f(b) - f(a)}{b - a}x + \frac{1}{2}\left[f(a) - \frac{f(b) - f(a)}{b - a}a + f(x_2) - f'(x_2)x_2\right]$$

将此式整理, 得 $f(x)$ 在 $[a, b]$ 上的最佳一次逼近多项式为

$$P_1(x) = \frac{f(a) + f(x_2)}{2} - \frac{f(b) - f(a)}{b - a} \cdot \frac{a + x_2}{2} + \frac{f(b) - f(a)}{b - a}x \tag{6.9}$$

其中, x_2 由 (6.6) 式所确定.

我们还可进一步求出, 用最佳一次逼近多项式 $P_1(x)$ 近似函数 $f(x)$ 所产生的最大偏差, 即 $\max\limits_{a \leqslant x \leqslant b} |f(x) - P_1(x)|$, 由前面的讨论可知, 它等于图 6.3 中点 C 到直线 MN 距离的一半, 为

$$\frac{1}{2A}\left|f(x_2) - f(a) - \frac{f(b) - f(a)}{b - a}(x_2 - a)\right| \tag{6.10}$$

其中, $A = \sqrt{1 + \left(\dfrac{f(b) - f(a)}{b - a}\right)^2}$.

例 4　求 $f(x) = \sqrt{1 + x^2}$ 在 $[0, 1]$ 上的最佳一次逼近多项式.

解　此处, $a = 0$, $b = 1$,

$$\frac{f(b) - f(a)}{b - a} = \frac{\sqrt{1 + 1^2} - \sqrt{1 + 0^2}}{1 - 0} = \sqrt{2} - 1 \approx 0.414$$

因 $f'(x_2) = \dfrac{x_2}{\sqrt{1 + x_2^2}} = \sqrt{2} - 1$, 由语句

```
x2=solve('x/sqrt(1+x^2)=sqrt(2)-1','x')
```

运行可得: x2 = 0.45508, 故

$$P_1(x) = \frac{f(0) + f(x_2)}{2} - \frac{\sqrt{2} - 1}{2}x_2 + (\sqrt{2} - 1)x$$

$$= 0.95509 + 0.414214x$$

即

$$\sqrt{1 + x^2} \approx 0.95509 + 0.414214x, \quad 0 \leqslant x \leqslant 1$$

由 (6.10) 式, 可估计出误差限为

$$\max_{0 \leqslant x \leqslant 1} \left| \sqrt{1 + x^2} - P_1(x) \right| \leqslant 0.045$$

若令 $x = \dfrac{b}{a}$, 且让 $b \leqslant a$, 可得到一个求根式的近似公式

$$\sqrt{a^2 + b^2} \approx 0.95509a + 0.414214b$$

练习 7 求函数 $f(x) = \dfrac{1}{1 + x^2}$ 在 $[0,3]$ 上的最佳一次逼近多项式.

2.5 由最小二乘法确定的拟合多项式

在许多工程问题中, 往往要根据一组实验数据 $(x_i, y_i)(i = 0, 1, \cdots, m)$, 确定自变量 x 与因变量 y 之间函数关系的近似表达式. 这种问题称为曲线的拟合, 确定的近似函数称为拟合函数.

如果在某种类型的函数 φ(如 n 次多项式) 中寻找一个函数 $y = s^*(x)$ 作为近似函数, 使误差平方和 $\sum\limits_{i=0}^{m} [s^*(x_i) - y_i]^2$ 比在 φ 中取其他任意的函数 $y = s(x)$ 作近似所得的误差平方和 $\sum\limits_{i=0}^{m} [s(x_i) - y_i]^2$ 都小, 即

$$\sum_{i=0}^{m} [s^*(x_i) - y_i]^2 = \min_{s(x) \in \varphi} \sum_{i=0}^{m} [s(x_i) - y_i]^2 \tag{6.11}$$

则称这种寻找函数 $s^*(x)$ 的方法为最小二乘法. 当函数类 φ 是 n 次多项式时, $s^*(x)$ 是一个 n 次拟合多项式.

在 MATLAB 软件中, 求由最小二乘法确定的拟合函数可用 polyfit 语句来实现. 例如, 语句 polyfit(x,y,n) 将获得由数据 x, y 确定的 n 次拟合多项式的系数, 但 x 必须是单调的. 下面程序得到的是函数 $f(x) = \sqrt{1 + x^2}$ 在 $[0,1]$ 上的二次拟合多项式

```
x=0:0.2:1;
y=sqrt(1+x.^2);
p=polyfit(x,y,2)
```

结果为

```
0.3561    0.0642    0.9969
```

即二次拟合多项式为: $0.3561x^2 + 0.0642x + 0.9969$.

练习 8　求函数 $f(x) = \dfrac{1}{1+x^2}$ 在 $[0,3]$ 上的二次拟合多项式, 画图与练习 7 的结论相比较, 哪个多项式的逼近效果好?

2.6　Fourier 级数

在实际问题中, 经常需要将一个周期函数分解成一系列简单周期函数的叠加, 例如, 在信号处理中, 将信号分解为简谐波函数的叠加是非常重要的一个步骤. 这个问题在数学中便是求周期函数的 Fourier 级数. 一个周期函数的 Fourier 级数如果存在的话, 总是可以通过计算求出来的, 但是这个级数是否收敛于原来的函数呢? 看下例:

例 5　设 $f(x)$ 是周期为 2π、振幅为 1 的方波函数, $f(x)$ 在 $[-\pi,\pi]$ 上的表达式为

$$f(x) = \begin{cases} -1, & -\pi \leqslant x < 0, \\ 1, & 0 \leqslant x < \pi \end{cases}$$

我们一起从图形上来观察 Fourier 级数是否收敛于 $f(x)$ 的过程, 其 MATLAB 程序如下:

```
close;
n=20;g=0;
syms x;
f=inline('((-2*pi<=x&x<-pi)|(0<=x&x<pi))-((-pi<=x&x<0)|(pi<=
    x&x<2*pi))');
axis manual
set(gca,'nextplot','replacechildren');
for i=1:n
    bi=2*(1-(-1)^i)/(i*pi); %bi 为正弦项的系数, 已算出
    g=g+bi*sin(i*x); %g 为 Fourier 级数前 i 项和
    t=-2*pi:pi/20:2*pi;
plot(t,f(t),'b');
    hold on;
    ezplot(g,[-2*pi,2*pi]);
    M(i)=getframe;
    hold off;
end
movie(M,25)
```

运行后, 可见到 Fourier 级数随项数增加动态逼近函数的过程. 其部分图形见图 6.6.

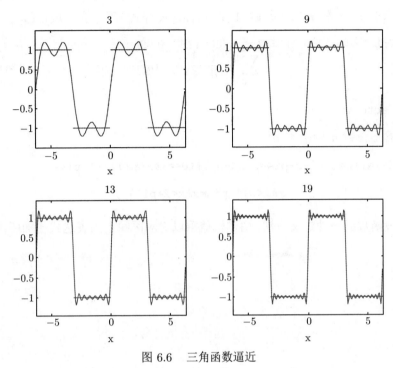

图 6.6　三角函数逼近

练习 9　由式 (6.3), (6.4) 用 int 语句求例 5 中函数的 Fourier 级数, 并与以上程序中给出的级数相比较.

练习 10　将程序中 n 的数值改成其他的数进一步观察图形, 随着 n 的增大, 简谐波的叠加是否越来越逼近方波? 不管 n 的数值多大, 为什么逼近曲线与 x 轴的交点总是不变? 另外在间断点附近逼近曲线是否总有较大的跳动? 你能说明为什么吗?

§3　本实验涉及的 MATLAB 软件语句说明

1. s=symsum((-1)^(n-1)/n,n,1,i-1)

符号求和, 计算 $\sum_{n=1}^{i-1} (-1)^{n-1} \dfrac{1}{n}$.

2. line([x1,x2],[0,1],'color',[abs(sin(n)),0,1/n])

画一条线段, 其两个端点坐标分别为(x1,0)与(x2,1), 并且按 [abs(sin(n)), 0,1/n] 给出的颜色比例将此线段着色.

3. taylor(f,x,x0,'order',n)

表示求 $f(x)$ 在 x_0 处的 $n-1$ 阶 Taylor 展开式 (不包含余项), 即

$$\sum_{i=0}^{n-1} \frac{f^{(i)}(x_0)}{i!}(x-x_0)^i$$

4. factorial(n)

计算正整数 n 的阶乘 $n!$.

5. f=inline('((-2*pi<=x&x<-pi)|(0<=x&x<pi))-((-pi<=

　　　　　x&x<0)|(pi<=x&x<2*pi))')

分段函数的一种定义方法, 由逻辑值乘以对应区间上的表达式相加所得.

实验七　数 学 常 数

【实验目的】

学会利用现有的数学知识计算自然对数的底 e、Euler 常数 γ 以及圆周率 π.

e, γ 与 π 是数学上常用的三个常数. 在本实验中, 我们将介绍这三个常数的来源, 了解它们的性质, 并通过各种不同的方法来计算这三个常数.

§1　自然对数的底 e

1.1　e 的由来

在高等数学中我们知道, 数列 $\left\{\left(1+\dfrac{1}{n}\right)^n\right\}$ 是单调增加且有上界的数列, 故存在极限, 记其极限为 e, 即

$$e = \lim_{n\to+\infty}\left(1+\frac{1}{n}\right)^n \tag{7.1}$$

称 e 为自然对数的底. 可以证明, 当 x 取实数而趋于无穷大时, 函数 $\left(1+\dfrac{1}{x}\right)^x$ 的极限也存在并且也等于 e, 因此

$$e = \lim_{x\to\infty}\left(1+\frac{1}{x}\right)^x \tag{7.2}$$

e 最早是由数学家 Euler 发现的, 它始于对数函数的微分问题, 设对数函数 $f(x)=\log_a x$, 则其导函数为

$$
\begin{aligned}
f'(x) &= \lim_{\Delta x\to 0}\frac{f(x+\Delta x)-f(x)}{\Delta x}\\
&= \lim_{\Delta x\to 0}\frac{\log_a(x+\Delta x)-\log_a x}{\Delta x}\\
&= \lim_{\Delta x\to 0}\log_a\left(1+\frac{\Delta x}{x}\right)^{\frac{1}{\Delta x}}
\end{aligned}
$$

$$= \log_a \left\{ \lim_{\Delta x \to 0} \left[\left(1 + \frac{\Delta x}{x} \right)^{\frac{x}{\Delta x}} \right] \right\}^{\frac{1}{x}}$$

$$= \frac{1}{x} \log_a \mathrm{e}$$

当 $a = \mathrm{e}$ 时, $f'(x)$ 变成了简单的式子 $\frac{1}{x}$, 此时函数 $f(x) = \log_e x$, 为了区别于其他对数函数, 将它记成 $\ln x$, 称其为自然对数. 这就是 e 被称为自然对数的底的含义所在.

e 的值是多少呢? 由 (7.1) 式运行语句

```
syms n;limit((1+1/n)^n,n,inf)
```

得到的结果是 `exp(1)`, 如果在该语句前加上 `eval`, 成为

```
eval(limit((1+1/n)^n,n,inf))
```

可得 2.7183. 这个近似值正确吗? 它是怎么计算出来的呢?

1.2　用 $\left(1 + \frac{1}{n} \right)^n$ 近似 e

练习 1　画图验证不等式 $\left(1 + \frac{1}{n} \right)^n < \mathrm{e} < \left(1 + \frac{1}{n} \right)^{n+1}$ 的正确性.

练习 2　选择适当的 n 用 $\left(1 + \frac{1}{n} \right)^n$ 近似计算 e, 并用练习 1 中的不等式估计误差, 使结果精确到小数点后 6 位.

1.3　用级数的部分和近似 e

将以 e 为底的指数函数 $y = \mathrm{e}^x$ 展开成幂级数, 得

$$1 + x + \frac{x^2}{2!} + \cdots + \frac{x^n}{n!} + \cdots$$

可以证明该级数的收敛区间为 $(-\infty, +\infty)$, 令 $x = 1$, 得

$$\mathrm{e} = 1 + 1 + \frac{1}{2!} + \cdots + \frac{1}{n!} + \cdots \tag{7.3}$$

记

$$s_n = 1 + 1 + \frac{1}{2!} + \cdots + \frac{1}{n!}$$

我们可以选择适当的 n, 通过计算 s_n 得到 e 的近似值, 并且可以证明以 s_n 近似 e 所产生的误差不超过 $\dfrac{3}{(n+1)!}$. 这种方法比用 $\left(1+\dfrac{1}{n}\right)^n$ 近似 e 的方法收敛速度要快得多. 例如, 为了得到 e 的 10 位有效数字, 令 $\dfrac{3}{(n+1)!} < 10^{-11}$, 通过计算可知只要取 $n = 14$ 即可, 如果用前面的方法计算, n 要取比 10^{11} 还要大的数才能达到这个精度.

练习 3 证明 $|s_n - \text{e}| < \dfrac{3}{(n+1)!}$ (用 Taylor 公式的余项进行估计).

练习 4 求 e 的前 12 位有效数字.

能否找到一种方法求出 e 的精确值呢? 可以说, 目前和今后都不可能做到, 因为 e 具有无穷多位小数, 而且这些数字之间没有规律可循. 事实上, 我们可以利用 (7.3) 式证明 e 是一个无理数.

1.4 e 是无理数的证明

1. 先证 $0 < q! \displaystyle\sum_{n=q+1}^{+\infty} \dfrac{1}{n!} < 1$ (其中 q 是大于 1 的正整数)

$q! \displaystyle\sum_{n=q+1}^{+\infty} \dfrac{1}{n!} > 0$ 显然成立. 记级数 $\displaystyle\sum_{n=q+1}^{+\infty} \dfrac{1}{n!}$ 的部分和数列为 $\{r_k\}$, 则

$$
\begin{aligned}
r_k &= \frac{1}{(q+1)!} + \frac{1}{(q+2)!} + \cdots + \frac{1}{(q+k)!} \\
&\leqslant \frac{1}{(q+1)!} + \frac{1}{(q+1)!(q+1)} + \cdots + \frac{1}{(q+1)!(q+1)^{k-1}} \\
&= \frac{1}{(q+1)!} \left(1 + \frac{1}{q+1} + \frac{1}{(q+1)^2} + \cdots + \frac{1}{(q+1)^{k-1}} \right)
\end{aligned}
$$

故

$$
\lim_{k \to +\infty} r_k \leqslant \frac{1}{(q+1)!} \cdot \frac{1}{1 - \dfrac{1}{q+1}} = \frac{1}{q \cdot q!}
$$

因此 $\displaystyle\sum_{n=q+1}^{+\infty} \dfrac{1}{n!}$ 收敛, 且 $q! \displaystyle\sum_{n=q+1}^{+\infty} \dfrac{1}{n!} \leqslant q! \cdot \dfrac{1}{q \cdot q!} = \dfrac{1}{q} < 1$.

2. 再证 e 不是有理数

反证: 设 e 是有理数, 由于

$$e = \sum_{n=0}^{+\infty} \frac{1}{n!} = 1 + 1 + \frac{1}{2!} + \frac{1}{3!} + \cdots$$

因此有

$$2.5 < e = 2.5 + \sum_{n=3}^{+\infty} \frac{1}{n!} < 2.5 + \frac{1}{2} = 3$$

故 e 不是整数, 不妨设 $e = \dfrac{p}{q}$, 其中 p, q 是两个互素的正整数, 且 $q \geqslant 2$. 于是可得到等式

$$p[(q-1)!] = q! \sum_{n=0}^{+\infty} \frac{1}{n!}$$

进一步可得到

$$p[(q-1)!] = q! \sum_{n=0}^{q} \frac{1}{n!} + q! \sum_{n=q+1}^{+\infty} \frac{1}{n!}$$

上式左端显然是整数, 而右端第一项也是整数, 由第 1 部分的证明知第二项是小数, 这样就导出了矛盾. 所以 e 不可能是有理数.

§2   Euler 常数 γ

2.1 γ 的由来

设 s_n 为调和级数 $\sum\limits_{n=1}^{+\infty} \dfrac{1}{n}$ 的前 n 项和, 即

$$s_n = 1 + \frac{1}{2} + \frac{1}{3} + \cdots + \frac{1}{n}$$

记 $a_n = s_n - \ln(n+1)$, 可以证明数列 $\{a_n\}$ 的极限存在. 事实上, 由定积分知识, 我们知道

$$a_n = 1 + \frac{1}{2} + \cdots + \frac{1}{n} - \ln(n+1)$$

$$= 1 + \frac{1}{2} + \cdots + \frac{1}{n} - \int_1^{n+1} \frac{1}{x} \mathrm{d}x$$

$$= \sum_{i=1}^{n} \int_i^{i+1} \left(\frac{1}{i} - \frac{1}{x} \right) \mathrm{d}x$$

当 $x \in (i, i+1)$ 时, 有 $\dfrac{1}{i+1} < \dfrac{1}{x} < \dfrac{1}{i}$, 故

$$0 < \int_i^{i+1} \left(\frac{1}{i} - \frac{1}{x} \right) \mathrm{d}x < \int_i^{i+1} \left(\frac{1}{i} - \frac{1}{i+1} \right) \mathrm{d}x = \frac{1}{i} - \frac{1}{i+1}$$

因此

$$0 < a_n < \sum_{i=1}^{n} \left(\frac{1}{i} - \frac{1}{i+1} \right) = 1 - \frac{1}{n} < 1$$

又

$$a_{n+1} - a_n = \int_{n+1}^{n+2} \left(\frac{1}{i} - \frac{1}{x} \right) \mathrm{d}x > 0 \quad (n = 1, 2, \cdots)$$

所以, 序列 $\{a_n\}$ 单调有界, 于是 $\lim\limits_{n \to \infty} a_n$ 存在.

另外, 我们还可从几何图形上较直观地认识这一问题, 如图 7.1. 位于曲线 $y = \dfrac{1}{x}$ 上方从左到右的前 n 个曲边三角形面积之和为 a_n. 由于这些三角形横的直角边长度都为 1, 竖的直角边长度之和不超过 1, 故我们可将它们全部平移到一单位正方形内, 因此它们的面积和不超过单位正方形的面积 1. 又因为每个小曲边三角形的面积是正的, 故序列 $\{a_n\}$ 是单调的. 于是 $\{a_n\}$ 单调有界, 故 $\lim\limits_{n \to \infty} a_n$ 存在.

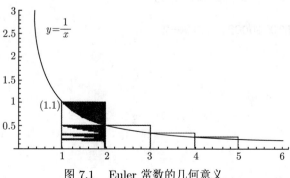

图 7.1   Euler 常数的几何意义

设 $\gamma = \lim\limits_{n \to \infty} a_n$, 即 $\gamma = \lim\limits_{n \to \infty} (s_n - \ln(n+1))$, 或

$$\gamma = \lim_{n \to \infty} \left(1 + \frac{1}{2} + \cdots + \frac{1}{n} - \ln(n+1) \right) \tag{7.4}$$

上式中的 γ 称为 Euler 常数.

2.2 γ 的计算

γ 由 (7.4) 式所定义, 但要想直接用该式求出 γ 是很困难的, 例如执行语句

```
syms k n; limit(symsum(1/k, k,1,n)-log(n+1),n,inf))
```

得到 `ans = eulergamma`. 因此我们只能选取充分大的正整数 n, 通过计算 a_n 获得 γ 的近似值. 那么这样计算产生的误差有多大呢? 我们先来做一番估计.

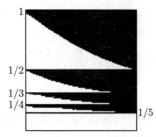

图 7.2　近似 γ 的误差分析图

将图 7.1 左边的小正方形放大, 成为图 7.2, 我们知道若将所有的曲边直角三角形全部移入该单位正方形的话, γ 就等于图 7.2 中所有阴影部分的面积和, 故 γ 的值大于单位正方形面积的二分之一, 小于单位正方形的面积 1, 且以 a_n 近似 γ 产生的误差 $\varepsilon_n < \dfrac{1}{n}$. 因此若我们要 γ 的精度达到 10^{-3}, 只要 $\dfrac{1}{n} \leqslant 10^{-3}$, 即 $n \geqslant 1000$ 即可.

执行程序

```
n=1000;syms i;
c=symsum(1/i,i,1,n)-log(n+1);
disp([n,vpa(c,10),vpa(1/n,2)])
```

得: 1000, 0 .576716082, 0.10e-2.

由下列命令:

```
syms k;
for n=0:50:1000
    c=double(symsum(1/k,1,n))-log(n+1);
    fprintf('项数n=%g,γ 的近似值=%g, 误差=%g\n',n,c,1/n);
end
```

可得到 γ 的近似值表与误差范围, 其部分数值如表 7.1 所示.

表 7.1 γ 的近似值表与误差范围

项数 n	γ 的近似值	误差	项数 n	γ 的近似值	误差
50	0.56738	0.02	500	0.576217	0.002
100	0.572257	0.01	750	0.57655	0.0013
200	0.574726	0.005	1000	0.576716	0.001

练习 5 求使 $1 + \dfrac{1}{2} + \cdots + \dfrac{1}{n} - \ln(n+1)$ 大于 0.5 的最小 n.

练习 6 近似计算 γ, 精确到小数点后 6 位.

§3 圆周率 π

3.1 对 π 的认识

公元前 2000 年左右, 我们的祖先在丈量周围的圆形物体时, 发现了圆的周长与直径的比值是个常数, 这个常数就是圆周率, 记为 π.

众所周知, 有了圆周率, 我们只要知道圆的直径或半径, 就可以求出它的周长与面积了.

设圆的半径为 r, 则圆的周长 $C = 2\pi r$.

为了求圆的面积, 将半径为 r 的圆盘等分为 $2n$ 个扇形, 再将这 $2n$ 个扇形以图 7.3 的方式拼接为一个整体 (以 $n = 3$ 为例).

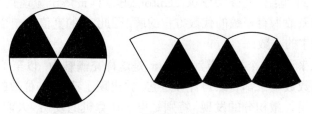

图 7.3 圆面积的计算

随着 n 的增大, 拼接成的图形越来越像矩形, 我们有理由相信, 当 n 趋于无穷时, 该图便成为一个矩形, 长为 $\dfrac{C}{2}$ (C 为圆周长), 宽为 r, 于是它的面积 $S = \dfrac{C}{2}r = \dfrac{2\pi r}{2}r = \pi r^2$, 这个面积就等于圆盘的面积, 这样我们得到了圆面积的公式: $A = \pi r^2$.

数学上广泛使用的弧度也与 π 密切相关, 一个角的弧度是指在单位圆中, 以该角为圆心角所对应的圆弧的长度, 如 $360° = 2\pi$, $90° = \dfrac{\pi}{2}$, $45° = \dfrac{\pi}{4}$, 等等.

既然 π 这么重要, 那么如何计算 π 呢?

公元 263 年, 魏晋数学家刘徽用 "割圆术" 计算圆周率, 即用圆内接正多边形面积近似圆面积, 由此得出圆周率的近似值. 他逐次分割一直算到圆内接正 192 边形, 得出 π 约为 3.141024. 他说: "割之弥细, 所失弥少, 割之又割, 以至于不可割, 则与圆周合体而无所失矣." 这包含由量变到质变的求极限思想. 公元 480 年左右, 南北朝时期的数学家祖冲之进一步得出 π 精确到小数点后 7 位的结果, 给出不足近似值 (朒数) 3.1415926 和过剩近似值 (盈数) 3.1415927, 还得到两个近似分数值: 密率 $\frac{355}{113}$ 和约率 $\frac{22}{7}$. 祖冲之对圆周率数值的精确推算值, 对于中国乃至世界是一个重大贡献, 后人将 "约率" 用他的名字命名为 "祖冲之圆周率", 简称 "祖率". 在之后的 800 年里, 祖冲之计算出的 π 值都是最准确的, 其中的密率在西方直到 1573 年才由德国人 Valentinus Otho 得到, 1625 年发表于荷兰工程师 Metius 的著作中, 欧洲称之为 Metius' number.

运用语句

```
vpa(355/113,10)
```

可获得 355/113 化为小数的前十位数字 3.141592920, 与 π 真值 (运用 `vpa(pi,10)` 可获得) 的前十位 3.141592654 比较, 发现前 7 位是完全一样的, 在实际应用中, 这样的近似程度已足够了.

但是后来的数学家们不满足于此, 他们认为 π 不可能是由一个分式表示的有理数, 并且在 20 世纪, 丹麦数学家 Cantor 证明了 π 属于无理数中的 "超越数", 即它不能成为系数为有理数的代数方程的解, 因此 π 的真值是一个具有无穷多个没有规律的数字的小数.

对数学家来说, 这个神妙莫测的数 π 是这样充满魅力, 以至于在漫长几千年的历史中大多数数学家都曾亲自计算过它, 并出现了计算 π 位数的竞争. 随着角的弧度制的采用、微积分的发现, 特别是电子计算机的发明, 人们计算 π 的位数大大地增加了, 有报道说, 1989 年 9 月, 美国哥伦比亚大学一个小组已将 π 的近似值计算到 1011196691 位, 而新的纪录还在不断出现, 最近又有报道说, 瑞士学者将 π 的近似值提高到了 62.8 万亿位.

那么如何计算 π 呢? 下面介绍几种方法.

3.2　利用多边形的面积求 π

当圆的半径为 1 时, 其面积恰好为 π, 因此 π 必介于单位圆的内接多边形面积与外切多边形面积之间, 如图 7.4 所示, 而单位圆的内接正 n 边形面积

$$S_n = \frac{n}{2} \sin \frac{2\pi}{n}$$

外切正 n 边形面积 $\overline{S}_n$ 为

$$\overline{S}_n = n \tan \frac{\pi}{n}$$

故 $\dfrac{n}{2} \sin \dfrac{2\pi}{n} < \pi < n \tan \dfrac{\pi}{n}$.

练习 7 试推导上式.

我们可利用上式求 π 的近似值, 为简便起见, 令 $n = 6 \cdot 2^k (k = 0, 1, 2, \cdots)$, 则有

$$3 \cdot 2^k \sin\left(\frac{\pi}{3 \cdot 2^k}\right) < \pi < 6 \cdot 2^k \tan\left(\frac{\pi}{6 \cdot 2^k}\right) \quad (7.5)$$

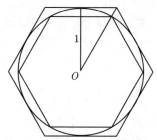

图 7.4 圆的内接六边形与外切六边形

因此当用 $3 \cdot 2^k \sin\left(\dfrac{\pi}{3 \cdot 2^k}\right)$ 去近似 π 时, 误差不超过

$$6 \cdot 2^k \tan\left(\frac{\pi}{6 \cdot 2^k}\right) - 3 \cdot 2^k \sin\left(\frac{\pi}{3 \cdot 2^k}\right)$$

记 $a_k = 3 \cdot 2^k \sin\left(\dfrac{\pi}{3 \cdot 2^k}\right)$, $b_k = 6 \cdot 2^k \tan\left(\dfrac{\pi}{6 \cdot 2^k}\right)$, 则有

$$a_0 = 3 \sin \frac{\pi}{3} = \frac{3\sqrt{3}}{2}$$

$$a_k = \sqrt{2} a_{k-1} \left(1 + \left(1 - \left(\frac{a_{k-1}}{3 \cdot 2^{k-1}}\right)^2\right)^{1/2}\right)^{-1/2} \quad (k = 1, 2, \cdots)$$

$$b_k = \frac{a_{k+1}^2}{a_k} (k = 1, 2, \cdots)$$

练习 8 试用上面的公式求 π 的近似值, 并估计误差.

3.3 利用级数求 π

幂级数 $\displaystyle\sum_{n=0}^{+\infty} (-x^2)^n$ 在 $|x| < 1$ 时收敛于 $\dfrac{1}{1 + x^2}$, 即

$$\frac{1}{1 + x^2} = \sum_{n=0}^{+\infty} (-1)^n x^{2n} \quad (-1 < x < 1) \quad (7.6)$$

对 (7.6) 式逐项积分得

$$\arctan x = \sum_{n=0}^{+\infty} (-1)^n \frac{x^{2n+1}}{2n+1} \quad (-1 < x < 1) \quad (7.7)$$

因右端级数当 $|x| = 1$ 时仍收敛, 由幂级数的性质知, 上式在 $x = \pm 1$ 时也成立.

(7.7) 式的左端是一个角度, 与 π 有关, 我们只要求出右端级数的和, 就可以求出 π 了.

当 $x = 1$ 时, (7.7) 式成为

$$\frac{\pi}{4} = \sum_{n=0}^{+\infty} (-1)^n \frac{1}{2n+1} \tag{7.8}$$

这是由 Leibniz 于 1674 年首先得到的计算 π 的公式.

但是, (7.8) 式右端的交错级数是条件收敛而非绝对收敛的, 若用其前 n 项和作近似, 产生的误差将介于 $\dfrac{1}{2n+1} - \dfrac{1}{2n+3}$ 与 $\dfrac{1}{2n+1}$ 之间, 因此该级数的收敛速度是不能令人满意的.

为了在计算 π 时收敛速度快一些, 可以取较小的正数作为 x 代入 (7.7) 式. 因为 (7.7) 式中级数的收敛速度会因为 x 的取值不同而不同, 一般来说, x 的绝对值越小, 该幂级数的收敛速度越快, 而 x 的绝对值越大, 该级数的收敛速度越慢. 例如, 我们在 (7.7) 式的两端令 $x = \dfrac{\sqrt{3}}{3}$, 会得到下列等式:

$$\frac{\pi}{6} = \sum_{n=0}^{+\infty} (-1)^n \frac{1}{2n+1} \left(\frac{\sqrt{3}}{3} \right)^{2n+1}$$

等式右端级数的收敛速度显然要优于 (7.8) 式中级数的收敛速度, 但是级数中含有的根式却是不易计算的.

当 (7.7) 式中的 x 取区间 $(0, 1)$ 内其他的数时, 除了会造成级数求和复杂外, 也可能使 $\arctan x$ 与 π 之间的关系不易确定. 这两个缺陷是不可能同时避免的.

那么怎么利用 (7.7) 式计算 π, 才能使计算简单, 收敛速度又比用公式 (7.8) 快呢? 17 世纪后的许多著名的数学家想到, 将 $\dfrac{\pi}{4}$ 分成两个或两个以上小角度的和, 每个小角度用反正切表示, 这样就可利用 (7.7) 式计算出每个小角度进而算出 π. 如果用 (7.7) 式计算每个小角度时, 没有复杂的运算, 收敛速度也较快, 那么这种方法就是可取的. 该方法的关键是如何将 $\dfrac{\pi}{4}$ 分成一些较易计算的小角度的和.

一般地, 取 $\tan \alpha$ 为某个真分式, 由

$$\frac{\tan \alpha + \tan \beta}{1 - \tan \alpha \cdot \tan \beta} = \tan(\alpha + \beta) = \tan \frac{\pi}{4} = 1$$

计算出 $\tan\beta = \dfrac{1-\tan\alpha}{1+\tan\alpha}$, 就可得到恒等式

$$\frac{\pi}{4} = \alpha + \beta$$

例如: 令 $\tan\alpha = \dfrac{1001}{1999}$, 因

$$\tan\beta = \frac{1-1001/1999}{1+1001/1999} = \frac{998}{2000}$$

于是有

$$\frac{\pi}{4} = \arctan\frac{1001}{1999} + \arctan\frac{998}{2000}$$

用类似的办法, 还可进一步地将上面的 $\arctan\dfrac{1001}{2000}$ 分成两个更小的角度之和, 这个问题我们留给读者.

找到恒等式后, 利用 (7.7) 式便可以计算 π 了, 例如, 由上面的等式可得

$$\frac{\pi}{4} = \sum_{n=0}^{+\infty}(-1)^n\frac{1}{2n+1}\left(\frac{1001}{1999}\right)^{2n+1}$$
$$+ \sum_{n=0}^{+\infty}(-1)^n\frac{1}{2n+1}\left(\frac{998}{2000}\right)^{2n+1} \qquad (7.9)$$

练习 9 用 (7.9) 式近似计算 π.

练习 10 证明 Euler 等式 $\dfrac{\pi}{4} = \arctan\dfrac{1}{2} + \arctan\dfrac{1}{3}$, 并由此计算 π 的近似值.

练习 11 证明 Martin 等式 $\dfrac{\pi}{4} = 4\arctan\dfrac{1}{5} - \arctan\dfrac{1}{239}$, 用此等式与 (7.7) 式计算 π, 与练习 9 给出的等式比较, 哪个收敛的速度快?

练习 12 你能否自创一个计算 π 的公式, 并与练习 7 计算 π 的方法相比较, 哪个收敛速度快?

练习 13 Newton 曾发现了如下的等式:

$$\pi = 6\left(\frac{1}{2} + \frac{1}{2\cdot3\cdot2^3} + \frac{1\cdot3}{2\cdot4\cdot5\cdot2^5} + \frac{1\cdot3\cdot5}{2\cdot4\cdot6\cdot7\cdot2^7} + \cdots\right)$$
$$= 6\left(\frac{1}{2} + \sum_{n=1}^{+\infty}\frac{(2n-1)!!}{(2n)!!\cdot(2n+1)\cdot2^{2n+1}}\right)$$

你能否运用这个式子计算 π 的前 10 位?

将函数 $f(x) = |x|$ $(-\pi \leqslant x \leqslant \pi)$ 展开成 Fourier 级数后令 $x = 0$, 由收敛定理可得到

$$\frac{\pi^2}{8} = \sum_{k=1}^{+\infty} \frac{1}{(2k-1)^2} \tag{7.10}$$

利用此式也可计算 π, 虽然右端级数的收敛速度不理想, 但我们可以做如下修改使其加快.

将式子

$$\frac{1}{2} = \sum_{k=1}^{+\infty} \frac{1}{(2k-1)(2k+1)}$$

与 (7.10) 式相减, 可得到

$$\frac{\pi^2}{8} = \frac{1}{2} + \sum_{k=1}^{+\infty} \frac{2}{(2k-1)^2(2k+1)} \tag{7.11}$$

显然, (7.11) 式中级数的收敛速度要比 (7.10) 式中级数的收敛速度快一个数量级.

练习 14   选择适当的等式进一步改善 (7.11) 式中级数的收敛速度, 并用你得到的式子计算 π.

3.4   用迭代式求 π

1989 年, Borwein 发现如下迭代出的 a_n 收敛于 $\dfrac{1}{\pi}$:

$$\begin{cases} y_0 = \sqrt{2} - 1, \\[2mm] y_n = \dfrac{1 - \sqrt[4]{1 - y_{n-1}^4}}{1 + \sqrt[4]{1 - y_{n-1}^4}}, \\[2mm] a_0 = 6 - 4\sqrt{2}, \\[2mm] a_n = (1 + y_n)^4 a_{n-1} - 2^{2n+1} y_n (1 + y_n + y_n^2), \\[2mm] n = 1, 2, \cdots \end{cases} \tag{7.12}$$

且以 a_n 近似 $\dfrac{1}{\pi}$ 的误差不超过 $16 \cdot 4^n \cdot e^{-2\pi 4^n}$.

练习 15   用 Borwein 迭代式计算 π 到小数点后 40 位.

1996 年, Bailey 得到了式 (7.12) 的改进型迭代式 (7.13), 其中以 a_n 近似 $\dfrac{1}{\pi}$ 的误差不超过 $16 \cdot 5^n \cdot \mathrm{e}^{-\pi 5^n}$.

$$
\begin{cases}
y_0 = 5(\sqrt{5}-1), \quad y_n = 25\left(\left(1+\lambda+\dfrac{\beta}{\lambda}\right)^2 y_{n-1}\right)^{-1}, \\[2mm]
a_0 = 1/2, \\[2mm]
a_n = y_{n-1}^2 a_{n-1} - 5^{n-1}\left(\dfrac{1}{2}\left(y_{n-1}^2 - 5\right) + \sqrt{y_{n-1}\left(y_{n-1}^2 - 2y_{n-1} + 5\right)}\right), \\[3mm]
\text{其中 } \lambda = \sqrt[5]{\dfrac{\beta\left(7+\alpha+\sqrt{(7+\alpha)^2 - 4\beta^3}\right)}{2}}, \\[4mm]
\alpha = \left(2 - \dfrac{5}{y_{n-1}}\right)^2, \beta = \left(-1 + \dfrac{5}{y_{n-1}}\right)^2 (n = 1, 2, \cdots)
\end{cases}
\tag{7.13}
$$

3.5 其他求 π 的方法

其他的方法如: 利用定积分 $\displaystyle\int_0^1 \dfrac{1}{1+x^2}\mathrm{d}x$ 求 π; 利用概率论中的几何概率求 π; 等等.

练习 16 用求定积分的 Monte Carlo 法近似计算 π.

如图 7.5, 阴影部分的面积为 $\dfrac{\pi}{4}$, 现假想向图中投掷点, 使该点: ①必落在正方形区域内; ② 落在该区域内任一点处的可能性相同. 于是点落在阴影区域内的可能性为 $\dfrac{\pi}{4}$. 请你投掷 n 个点, 统计这些点落在阴影区域中的比率, 观察随着 n 的增大, 它是否越来越接近于 $\dfrac{\pi}{4}$?

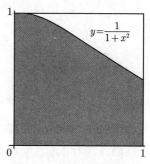

图 7.5 几何概率示意图

练习 17 你能否设计出一种求 π 的新方法?

§4 本实验涉及的 MATLAB 软件语句说明

`vpa(355/113,10)` 将符号型数据转化成浮点型数据, 并给出其前 10 位数字.

实验八　差分方程

【实验目的】
(1) 掌握差分的性质, 学会对多项式数列求和;
(2) 了解差分方程的解法;
(3) 用差分方程来求解代数方程;
(4) 用差分方程来分析国民经济稳定问题.

§1　基本理论

1.1　差分

对任意数列 $\{x_n\}$, 定义差分算子 Δ 如下:

$$\Delta x_n = x_{n+1} - x_n$$

应用这个算子, 由原来的数列 $\{x_n\}$ 可以得到一个新的数列 $\{\Delta x_n\}$. 对这个新的数列, 再应用差分算子 Δ, 就得到数列 $\{x_n\}$ 的二阶差分

$$\Delta^2 x_n = \Delta(\Delta x_n) = \Delta x_{n+1} - \Delta x_n$$

一般地, 若已知数列 $\{x_n\}$ 的 k 阶差分, 就可以定义它的 $k+1$ 阶差分:

$$\Delta^{k+1} x_n = \Delta(\Delta^k x_n) = \Delta^k x_{n+1} - \Delta^k x_n$$

数列的差分有下列简单性质.

性质 1　若 $\{x_n\}$, $\{y_n\}$ 为两个数列, 则

$$\Delta^k(x_n \pm y_n) = \Delta^k x_n \pm \Delta^k y_n$$

性质 2　对数列 $\{x_n\}$ 及常数 c 有

$$\Delta^k(c x_n) = c \Delta^k x_n$$

性质 3　数列 $\{x_n\}$ 的 k 阶差分可由下式来计算

$$\Delta^k x_n = \sum_{j=0}^{k} (-1)^j C_k^j x_{n+k-j}$$

性质 4 若数列 $\{x_n\}$ 的通项为 n 的无限次可导函数 $x_n = f(n)$, 则对任意的整数 $k \geqslant 1$, 存在 $\xi \in (n, n+k)$, 使得

$$\Delta^k x_n = f^{(k)}(\xi)$$

1.2 差分方程

在本实验中, 我们仅讨论线性差分方程.

定义 8.1 对数列 $\{x_n\}$, 称下面的方程为关于数列 $\{x_n\}$ 的 k 阶线性差分方程:

$$x_n - a_1 x_{n-1} - a_2 x_{n-2} - \cdots - a_k x_{n-k} = b \quad (n = k, k+1, \cdots) \tag{8.1}$$

其中 $a_1, a_2, \cdots, a_k$ 为常数, $a_k \neq 0$. 若 $b = 0$, 则称方程 (8.1) 是齐次方程, 否则称为非齐次方程.

称下面关于 λ 的代数方程

$$\lambda^k - a_1 \lambda^{k-1} - \cdots - a_{k-1}\lambda - a_k = 0$$

为差分方程 (8.1) 对应的特征方程, 该代数方程的根称为差分方程 (8.1) 的特征值.

§2　实验内容与练习

2.1 差分

例 1 对数列 $x_n = \{n^3\}$, 可以求出其各阶差分数列如表 8.1 所示.

表 8.1　n^3 的差分表

x_n	Δx_n	$\Delta^2 x_n$	$\Delta^3 x_n$	$\Delta^4 x_n$
1	7	12	6	0
8	19	18	6	0
27	37	24	6	0
64	61	30	6	
125	91	36		
216	127			
343				

易见, 对数列 $\{n^3\}$, 其三阶差分数列为常数数列, 四阶差分数列的元素均为 0.

练习 1 对数列 $\{1\}, \{n\}, \{n^2\}, \{n^4\}, \{n^5\}$, 分别求出它们的各阶差分数列, 并总结出其规律.

练习 2 对数列 $\{C_{n-1}^0\}, \{C_{n-1}^1\}, \{C_{n-1}^2\}, \{C_{n-1}^3\}, \{C_{n-1}^4\}$, 分别求出它们的各阶差分数列.

若数列 $\{x_n\}$ 的通项为 n 的三次函数, 即

$$x_n = a_3 n^3 + a_2 n^2 + a_1 n + a_0 \quad \text{(其中 } a_3, a_2, a_1, a_0 \text{ 为常数)}$$

容易证明其三阶差分数列为常数数列, 其四阶差分数列元素均为 0.

证明   由 $x_n = a_3 n^3 + a_2 n^2 + a_1 n + a_0$, 可直接计算得

$$
\begin{aligned}
\Delta x_n &= x_{n+1} - x_n \\
&= (a_3(n+1)^3 + a_2(n+1)^2 + a_1(n+1) + a_0) \\
&\quad - (a_3 n^3 + a_2 n^2 + a_1 n + a_0) \\
&= 3a_3 n^2 + (3a_3 + 2a_2)n + (a_1 + a_2 + a_3) \\
\Delta^2 x_n &= \Delta x_{n+1} - \Delta x_n \\
&= (3a_3(n+1)^2 + (3a_3 + 2a_2)(n+1) + (a_1 + a_2 + a_3)) \\
&\quad - (3a_3 n^2 + (3a_3 + 2a_2)n + (a_1 + a_2 + a_3)) \\
&= 6a_3 n + (2a_2 + 3a_3) \\
\Delta^3 x_n &= \Delta^2 x_{n+1} - \Delta^2 x_n \\
&= (6a_3(n+1) + (2a_2 + 3a_3)) - (6a_3 n + (2a_2 + 3a_3)) \\
&= 6a_3 \\
\Delta^4 x_n &= \Delta^3 x_{n+1} - \Delta^3 x_n \\
&= 6a_3 - 6a_3 \\
&= 0
\end{aligned}
$$

事实上, 若数列的通项为 n 的多项式, 则有下面一般的定理.

定理 8.1   若一个数列的通项是关于 n 的 k 次多项式, 则其 k 阶差分数列为非零常数数列, $k+1$ 阶差分数列元素均为 0.

练习 3   证明定理 8.1.

那么, 定理 8.1 的逆命题是否成立呢?

练习 4   直接证明若数列 $\{x_n\}$ 满足 $\Delta^2 x_n = c$ ($n = 1, 2, \cdots, c$ 是一个非零常数), 则 $\{x_n\}$ 为 n 的二次多项式.

定理 8.2   若数列 $\{x_n\}$ 的 k 阶差分为非零常数数列, 则 $\{x_n\}$ 是 n 的 k 次多项式.

练习 5   根据差分的性质来证明定理 8.2.

下面的求和公式是读者所熟知的

$$\sum_{i=1}^{n} i = \frac{1}{2}n(n+1)$$

$$\sum_{i=1}^{n} i^2 = \frac{1}{6}n(n+1)(2n+1)$$

那么, 如何对一般的通项为多项式的数列求和呢? 我们可以应用定理 8.2 来解决这一问题.

例 2 求 $\displaystyle\sum_{i=1}^{n} i^3$.

解 设 $s_n = \displaystyle\sum_{i=1}^{n} i^3$. 容易求出 s_n 的各阶差分如表 8.2 所示.

表 8.2 s_n 的差分表

s_n	Δs_n	$\Delta^2 s_n$	$\Delta^3 s_n$	$\Delta^4 s_n$	$\Delta^5 s_n$
1	8	19	18	6	0
9	27	37	24	6	0
36	64	61	30	6	0
100	125	91	36	6	
225	216	127	42		
441	343	169			
784	512				
1296					

可以发现, $\{s_n\}$ 的四阶差分数列为常数数列, 据定理 8.2, s_n 为 n 的四次多项式.

设 $s_n = a_4 n^4 + a_3 n^3 + a_2 n^2 + a_1 n + a_0$, 由 $s_1 = 1$, $s_2 = 9$, $s_3 = 36$, $s_4 = 100$, $s_5 = 225$ 可得

$$\begin{cases} a_4 + a_3 + a_2 + a_1 + a_0 = 1, \\ 16a_4 + 8a_3 + 4a_2 + 2a_1 + a_0 = 9, \\ 81a_4 + 27a_3 + 9a_2 + 3a_1 + a_0 = 36, \\ 256a_4 + 64a_3 + 16a_2 + 4a_1 + a_0 = 100, \\ 625a_4 + 125a_3 + 25a_2 + 5a_1 + a_0 = 225 \end{cases}$$

解得

$$a_0 = 0, \quad a_1 = 0, \quad a_2 = \frac{1}{4}, \quad a_3 = \frac{1}{2}, \quad a_4 = \frac{1}{4}$$

因此,

$$s_n = \frac{1}{4}n^4 + \frac{1}{2}n^3 + \frac{1}{4}n^2$$

练习 6 若数列 $\{x_n\}$ 的通项 x_n 为 n 的 k 次多项式, 证明 $\sum_{i=1}^{n} x_i$ 为 n 的 $k+1$ 次多项式; 并求 $\sum_{i=1}^{n} i^4$.

由例 2 可以发现, 用待定系数法对多项式求和是比较麻烦的, 能否方便地求出和式多项式的系数呢?

由练习 2, 对数列 $\{C_{n-1}^r\}$ 有

$$\Delta^k C_{n-1}^r|_{n=1} = \begin{cases} 0, & k \neq r, \\ 1, & k = r \end{cases}$$

因此, 对数列 $\{x_n\}$, 若 $x_n = b_0 C_{n-1}^0 + b_1 C_{n-1}^1 + \cdots + b_r C_{n-1}^r$, 据差分的性质 1 有

$$\Delta^k x_1 = \begin{cases} b_k, & k \leqslant r, \\ 0, & k > r \end{cases}$$

从而 $x_n = x_1 C_{n-1}^0 + \Delta x_1 C_{n-1}^1 + \cdots + \Delta^r x_1 C_{n-1}^r$.

我们可以利用这一性质来对通项为多项式的数列进行求和. 对例 2 中的 s_n, 我们求出了 $s_1 = 1, \Delta s_1 = 8, \Delta^2 s_1 = 19, \Delta^3 s_1 = 18, \Delta^4 s_1 = 6$.

练习 7 设 $t_n = s_1 C_{n-1}^0 + \Delta s_1 C_{n-1}^1 + \cdots + \Delta^4 s_1 C_{n-1}^4$, 计算数列 $\{t_n\}$ 及它的各阶差分. 将它们与数列 $\{s_n\}$ 的各阶差分进行比较, 你能得出什么结论?

练习 8 根据练习 7 的结论, 给出对通项为多项式的数列求和的一般方法.

2.2 差分方程求解

对于一个差分方程, 如果能找出这样的数列通项, 将它代入差分方程后, 该方程成为恒等式, 这个通项叫作差分方程的解.

例 3 对差分方程 $x_n - 5x_{n-1} + 6x_{n-2} = 0$, 可直接验证 $x_n = c_1 3^n + c_2 2^n$ 是该方程的解.

例 3 的解中含有任意常数, 且任意常数的个数与差分方程的阶数相同. 这样的解叫作差分方程的通解.

若 k 阶差分方程给定了数列前 k 项的取值, 则可以确定其中的任意常数, 得到差分方程的特解.

例 4 对差分方程 $x_n - 5x_{n-1} + 6x_{n-2} = 0$, 若已知 $x_1 = 1, x_2 = 5$, 则可以得到该差分方程的特解为 $x_n = 3^n - 2^n$.

我们首先研究齐次线性差分方程的求解.

对一阶差分方程 $\begin{cases} x_n = rx_{n-1}, \\ x_1 = a, \end{cases}$ 显然有 $x_n = ar^{n-1}$. 因此, 若数列满足一阶差分方程, 则该数列为一个等比数列.

例 5 求 Fibonacci 数列 $\{F_n\}$ 的通项, 其中 $F_1 = 1, F_2 = 1, F_n = F_{n-1} + F_{n-2}$.

Fibonacci 数列的前几项为: $1, 1, 2, 3, 5, 8, 13, 21, 34, 55, 89, \cdots$. 该数列有着非常广泛的应用.

Fibonacci 数列所满足的差分方程为

$$F_n - F_{n-1} - F_{n-2} = 0$$

其特征方程为

$$\lambda^2 - \lambda - 1 = 0$$

其根为 $\lambda_1 = \dfrac{1 + \sqrt{5}}{2}, \lambda_2 = \dfrac{1 - \sqrt{5}}{2}$. 利用 λ_1, λ_2, 可将差分方程写为

$$F_n - (\lambda_1 + \lambda_2)F_{n-1} + \lambda_1\lambda_2 F_{n-2} = 0$$

即

$$F_n - \lambda_1 F_{n-1} = \lambda_2(F_{n-1} - \lambda_1 F_{n-2})$$

数列 $\{F_n - \lambda_1 F_{n-1}\}$ 满足一个一阶差分方程. 显然

$$F_n - \lambda_1 F_{n-1} = \lambda_2^{n-2}(F_2 - \lambda_1 F_1)$$

同理可得

$$F_n - \lambda_2 F_{n-1} = \lambda_1^{n-2}(F_2 - \lambda_2 F_1)$$

由以上两式可解出 F_n 的通项.

练习 9 证明: 若数列 $\{x_n\}$ 满足二阶差分方程 $x_n - a_1 x_{n-1} - a_2 x_{n-2} = 0$, 其特征方程 $\lambda^2 - a_1\lambda - a_2 = 0$ 有两个不相等的根 λ_1, λ_2, 则 λ_1^n, λ_2^n 为该差分方程的两个特解. 从而其通解为

$$x_n = c_1\lambda_1^n + c_2\lambda_2^n$$

由练习 9, 若二阶差分方程的特征方程有两个不相等的根, 可写出其通解的一般形式. 再由 x_1, x_2 的值可解出其中的系数, 从而写出差分方程的特解.

练习 10 具体求出 Fibonacci 数列的通项, 并证明

$$\lim_{n\to\infty}\frac{F_{n+1}}{F_n}=\frac{1+\sqrt{5}}{2}$$

那么, 若二阶线性齐次差分方程的特征方程有两个相等的根, 其解又如何来求呢?

设二阶线性齐次差分方程的特征方程有两个相等的根 λ, 则差分方程可写为

$$x_n-2\lambda x_{n-1}+\lambda^2 x_{n-2}=0$$

差分方程的两边同时除以 λ^n, 有

$$\frac{x_n}{\lambda^n}-2\frac{x_{n-1}}{\lambda^{n-1}}+\frac{x_{n-2}}{\lambda^{n-2}}=0$$

设 $y_n=\dfrac{x_n}{\lambda^n}$, 则

$$y_n-2y_{n-1}+y_{n-2}=0 \quad (n\geqslant 3)$$

由于该式在 $n\geqslant 3$ 时均成立, 我们将它改写为

$$y_{n+2}-2y_{n+1}+y_n=0 \quad (n\geqslant 1) \tag{8.2}$$

方程 (8.2) 的左边是 y_n 的二阶差分, 从而有 $\Delta^2 y_n=0$, 于是 y_n 是 n 的一次函数, 设为 $y_n=c_0+c_1 n$, 则有

$$x_n=(c_0+c_1 n)\lambda^n$$

上式即为差分方程的通解.

练习 11 证明: 若数列 $\{x_n\}$ 所满足的三阶差分方程的特征方程有三个相等的根 λ, 则差分方程的通解为

$$x_n=(c_0+c_1\lambda+c_2\lambda^2)\lambda^n$$

一般地, 设 $\lambda_1,\lambda_2,\cdots,\lambda_l$ 为差分方程的特征方程所有不同的解, 其重数分别为 $h_1,h_2,\cdots,h_l$, 则差分方程对应于其中的根 $\lambda_i(i=1,2,\cdots,l)$ 的特解为

$$\lambda_i^n, n\lambda_i^n,\cdots, n^{h_l-1}\lambda_i^n$$

对于一般的 k 阶齐次线性差分方程, 我们可以通过其特征方程得到上述形式的 k 个特解, 进而得到差分方程的通解.

练习 12 若数列 $\{x_n\}$ 满足差分方程

$$x_n+2x_{n-1}-3x_{n-2}-4x_{n-3}+4x_{n-4}=0 \quad (n\geqslant 5)$$

且 $x_1 = 6, x_2 = 7, x_3 = 2, x_4 = -19$, 求 $\{x_n\}$ 的通项.

若实系数差分方程的根为虚数, 则其解也是用虚数表示的, 这给讨论问题带来不便.

例 6 差分方程

$$x_n - 2x_{n-1} + 4x_{n-2} = 0 \tag{8.3}$$

的特征值为 $1 \pm \sqrt{3}\mathrm{i}$. 若 $x_1 = 1, x_2 = 3$, 由下面的程序易求出其特解为

$$x_n = \left(-\frac{1}{8} - \frac{5\sqrt{3}}{24}\mathrm{i}\right)(1 + \sqrt{3}\mathrm{i})^n + \left(-\frac{1}{8} + \frac{5\sqrt{3}}{24}\mathrm{i}\right)(1 - \sqrt{3}\mathrm{i})^n \tag{8.4}$$

```
x1=1;x2=3;
solution=solve('l^2-2*l+4=0');
l1=solution(1)
l2=solution(2)
eqs1 = 'c1*l1+c2*l2=x1, c1*l1^2+c2*l2^2=x2';
[c1,c2] = solve(eqs1,'c1,c2');
c1=simple(subs(c1,{'x1','x2','l1','l2'},{x1,x2,l1,l2}))
c2=simple(subs(c2,{'x1','x2','l1','l2'},{x1,x2,l1,l2}))
```

解的形式相当复杂, 是否可以将它们用实数表示呢?

设 $-\dfrac{1}{8} - \dfrac{5\sqrt{3}}{24}\mathrm{i} = re^{\mathrm{i}\theta}$, 则 $-\dfrac{1}{8} + \dfrac{5\sqrt{3}}{24}\mathrm{i} = re^{-\mathrm{i}\theta}$, 我们可将 (8.4) 中的表达式改写为

$$
\begin{aligned}
x_n &= re^{\mathrm{i}\theta}\left(2e^{\mathrm{i}\frac{\pi}{3}}\right)^n + re^{-\mathrm{i}\theta}\left(2e^{-\mathrm{i}\frac{\pi}{3}}\right)^n \\
&= r2^n e^{\mathrm{i}\left(\theta + \frac{n\pi}{3}\right)} + r2^n e^{-\mathrm{i}\left(\theta + \frac{n\pi}{3}\right)} \\
&= 2r2^n \cos\left(\theta + \frac{n\pi}{3}\right) \\
&= (2r\cos\theta)2^n \cos\frac{n\pi}{3} - (2r\sin\theta)2^n \sin\frac{n\pi}{3} \\
&= -\frac{1}{4}2^n \cos\frac{n\pi}{3} + \frac{5\sqrt{3}}{12}2^n \sin\frac{n\pi}{3}
\end{aligned}
$$

可以看出, 通项可以写成 $c_1 2^n \cos\dfrac{n\pi}{3} + c_2 2^n \sin\dfrac{n\pi}{3}$ 的形式. 那么, $2^n \cos\dfrac{n\pi}{3}$ 与 $2^n \sin\dfrac{n\pi}{3}$ 是不是差分方程的特解呢?

练习 13 验证 $2^n \cos\dfrac{n\pi}{3}$ 与 $2^n \sin\dfrac{n\pi}{3}$ 是差分方程 (8.3) 的特解.

对于差分方程 (8.3), 我们找出了它的两个实型的特解, 从而可以将通解表示成实数的形式. 这一方法对于一般的方程也是成立的.

练习 14　设 $x_n - a_1 x_{n-1} - a_2 x_{n-2} = 0$ 的两个特征值为 $a \pm bi = re^{\pm i\theta}$. 证明该差分方程的通解可表示为 $c_1 r^n \cos n\theta + c_2 r^n \sin n\theta$.

练习 15　用实数表示差分方程 $x_n - x_{n-1} + x_{n-2} - x_{n-3} = 0$, $x_1 = 1$, $x_2 = 0$, $x_3 = -1$ 的特解.

上面我们讨论了齐次线性差分方程的求解方法. 那么, 非齐次线性差分方程是否可以化为齐次线性差分方程呢?

练习 16　若已知非齐次线性差分方程

$$x_n - a_1 x_{n-1} - a_2 x_{n-2} - \cdots - a_k x_{n-k} = b \tag{8.5}$$

的一个特解为 $x_n = q(n)$. 求证: 若令 $x_n = y_n + q(n)$, 则 y_n 满足齐次差分方程

$$y_n - a_1 y_{n-1} - a_2 y_{n-2} - \cdots - a_k y_{n-k} = 0$$

由练习 16, 若已知非齐次线性差分方程 (8.5) 的一个特解, 就可以将它化为齐次线性差分方程.

显然方程 (8.5) 的最简单的解的形式为 $x_n = p$ (其中 p 为常数), 代入 (8.5) 得

$$p - a_1 p - a_2 p - \cdots - a_k p = 0$$

若 $1 - a_1 - a_2 - \cdots - a_k \neq 0$, 则有

$$p = \frac{b}{1 - a_1 - a_2 - \cdots - a_k}$$

称 $p_0 = \dfrac{b}{1 - a_1 - a_2 - \cdots - a_k}$ 为非齐次线性差分方程 (8.5) 的平衡值.

在 (8.5) 中, 令 $x_n = y_n + p_0 (n = 1, 2, \cdots)$, 则有

$$(y_n + p_0) - a_1(y_{n-1} + p_0) - \cdots - a_k(y_{n-k} + p_0) = b$$

由 $p_0 - a_1 p_0 - \cdots - a_k p_0 = 0$ 得

$$y_n - a_1 y_{n-1} - a_2 y_{n-2} - \cdots - a_k y_{n-k} = 0$$

从而可将原来的非齐次线性差分方程化为齐次线性差分方程.

如果方程 (8.5) 的平衡值不存在, 可以将方程 (8.5) 中所有的 n 换为 $n+1$, 得到

$$x_{n+1} - a_1 x_n - a_2 x_{n-1} - \cdots - a_k x_{n-k+1} = b \tag{8.6}$$

方程 (8.6) 与 (8.5) 相减得

$$x_{n+1} - (a_1+1)x_n - (a_1+a_2)x_{n-1} - \cdots - (a_{k-1}+a_k)x_{n-k+1} - a_k x_{n-k} = 0$$

于是可将原来的非齐次线性差分方程化为高一阶的齐次线性差分方程.

练习 17 分别求差分方程 $x_n - x_{n-1} + x_{n-2} - x_{n-3} = 1$ 及 $x_n - 4x_{n-1} + 4x_{n-2} = 2$ 的通解.

2.3 代数方程求根

由 Fibonacci 数列的性质, 我们可以用 $\dfrac{F_{n+1}}{F_n}$ 来逼近 $\dfrac{1+\sqrt{5}}{2}$, 用这一性质可以来计算 $\sqrt{5}$ 的近似值. 一般地, 对 $a > 0$, 可以用构造差分方程的方法来求 $\sqrt{a}$ 的近似值.

对给定的正数 a, 设 $\lambda_1 = 1 + \sqrt{a}, \lambda_2 = 1 - \sqrt{a}$, 则 λ_1, λ_2 是方程 $\lambda^2 - 2\lambda + (1-a) = 0$ 的根. 该方程是差分方程 $x_n = 2x_{n-1} + (a-1)x_{n-2}$ 的特征方程. 于是, 选定 x_1, x_2, 利用差分方程 $x_n = 2x_{n-1} + (a-1)x_{n-2}$ 可以构造一个数列 $\{x_n\}$.

练习 18 证明: 若 $a > 1$, 对任意的 $x_1 > 0, x_2 > 0$, 若 $\dfrac{x_2}{x_1} \neq 1 - \sqrt{a}$, 则按上述方法构造的数列 $\{x_n\}$ 满足

$$\lim_{n \to \infty} \frac{x_{n+1}}{x_n} = 1 + \sqrt{a}$$

这样, 我们得到了计算 $\sqrt{a}$ 的一个算法:

第 1 步, 给定 $\varepsilon > 0$ (作为误差控制), 任取初始值 $x_1 = x_2 > 0$, 令 $n = 1$.

第 2 步, 若

$$\left| \left(\frac{x_{n+1}}{x_n} - 1 \right)^2 - a \right| < \varepsilon$$

则终止计算, 输出结果; 否则, 令 $n := n+1$, 转第 3 步.

第 3 步, 令 $x_{n+1} = 2x_n + (a-1)x_{n-1}$, 转第 2 步.

练习 19 对 a=1.5, 10, 12345, 用上述方法求 $\sqrt{a}$.

上述方法的收敛速度不够快, 我们可以加以改进.

设整数 u 满足 $u - 1 < \sqrt{a} < u$, 令 $\lambda_1 = u + \sqrt{a}, \lambda_2 = u - \sqrt{a}$, 则 λ_1, λ_2 是方程 $\lambda^2 - 2u\lambda + (u^2 - a) = 0$ 的两个根.

练习 20 根据上面的差分方程构造数列 $\{x_n\}$, 使得

$$\lim_{n \to \infty} \frac{x_{n+1}}{x_n} = u + \sqrt{a}$$

练习 21 对练习 19 中的 a, 用上面的方法来计算 $\sqrt{a}$, 并比较两种方法的收敛速度.

代数方程

$$x^k - a_1 x^{k-1} - a_2 x^{k-2} - \cdots - a_{k-1} x - a_k = 0 \tag{8.7}$$

是差分方程 (8.1) 的特征方程, 是否可以用此差分方程来求解方程 (8.7) 呢?

设方程 (8.7) 有 k 个互不相同的根满足

$$|\lambda_1| > |\lambda_2| > |\lambda_3| > \cdots > |\lambda_k| \tag{8.8}$$

则对应的差分方程的通解形式为

$$x_n = c_1 \lambda_1^n + c_2 \lambda_2^n + \cdots + c_k \lambda_k^n$$

练习 22 设方程 (8.7) 的根满足条件 (8.8), 任取初始值 $x_1, x_2, \cdots, x_k$, 用差分方程 (8.1) (取 $b = 0$) 构造数列 $\{x_n\}$. 若通项中 λ_1^n 的系数 $c_1 \neq 0$, 证明:

$$\lim_{n \to \infty} \frac{x_{n+1}}{x_n} = \lambda_1$$

利用练习 22 得到的结论, 我们可以求多项式方程的绝对值最大的根.

练习 23 求方程 $x^3 + 14x^2 - 12x - 51 = 0$ 的绝对值最大的根.

事实上, 若方程 (8.7) 的互不相同的根满足

$$|\lambda_1| > |\lambda_2| \geqslant |\lambda_3| \geqslant \cdots \geqslant |\lambda_l|$$

(其重数分别为 $h_1, h_2, \cdots, h_l, h_1 + h_2 + \cdots + h_l = k$), 则练习 22 中的结论仍然成立.

2.4 国民收入的稳定问题

一个国家的国民收入可用于消费、再生产的投资等. 一般地说, 消费与再生产投资都不应该没有限制. 合理地控制各部分投资, 能够使国民经济处于一种良性循环之中. 如何分配各部分投资的比例, 才能使国民收入处于稳定状态呢? 这就是本节要讨论的问题.

我们首先给出一些假设条件:

(1) 国民收入用于消费、再生产投资和公共设施建设三部分.

(2) 记 Y_k 和 C_k 分别为第 k 个周期的国民收入水平和消费水平. C_k 的值与前一个周期的国民收入成正比, 即

$$C_k = AY_{k-1} \tag{8.9}$$

其中 A 为常数 $(0 < A < 1)$.

(3) 用 I_k 表示第 k 个周期内用于再生产的投资水平, 它取决于消费水平的变化, 即

$$I_k = B(C_k - C_{k-1}) \tag{8.10}$$

(4) G 表示政府用于公共设施的开支, 设 G 为常数.

由假设 (1) 有

$$Y_k = C_k + I_k + G$$

将式 (8.9), (8.10) 代入得

$$Y_k - A(1+B)Y_{k-1} + BAY_{k-2} = G \tag{8.11}$$

上式是一个差分方程, 当给定 Y_0, Y_1, A, B, G 的值后, 可直接计算出国民收入水平 $Y_k(k = 2, 3, \cdots)$ 来观察其是否稳定.

例 7　若 $Y_0 = 2, Y_1 = 2, A = \dfrac{1}{2}, B = 2, G = 10$, 计算可得表 8.3 中的数据.

表 8.3　Y_k 的值的变化

k	2	3	4	5	6	7	8	9	10	11
Y_k	11.0	24.5	35.8	39.1	32.9	20.3	7.48	0.95	3.93	15.0
k	12	13	14	15	16	17	18	19	20	21
Y_k	28.5	37.8	38.2	29.5	16.0	4.58	0.82	6.65	19.2	32.1

我们可以画出 Y_k 的散点图来观察其变化. 其计算及画图的程序如下:

```
y0=2;y1=2;a=0.5;b=2;g=10;
y=[y0,y1];
for k=1:20
    y2=a*(1+b)*y1-b*a*y0+g;
    y(k+2)=y2;
    y0=y1;y1=y2;
end
plot(y,'k*-');
```

由图 8.1 可以发现, 由例 7 的数据得出的 Y_k 呈现出周期变化的迹象.

练习 24　设 $Y_0 = 2, Y_1 = 2, G = 10$, 对于表 8.4 中的参数 A, B, 分别计算 $Y_k(k = 2, 3, \cdots)$, 并画图观察 Y_k 的变化.

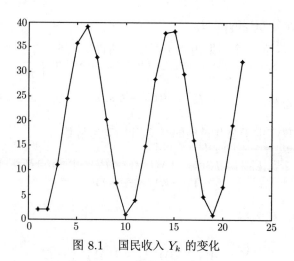

图 8.1   国民收入 Y_k 的变化

表 8.4   参数 A, B 的取值

A	1/2	1/2	1/2	8/9	9/10	3/4	4/5
B	1	2	3	1/2	1/2	3	3

可以看出, 随着参数值的不同, 国民收入水平 Y_k $(k = 2, 3, \cdots)$ 的稳定性呈现出不同的状态.

那么, 参数满足什么条件时, 国民收入水平才处于稳定发展之中呢?

差分方程 (8.11) 是一个常系数非齐次线性差分方程. 由 $A < 1$ 容易求出其平衡值为

$$a = \frac{G}{1 - A}$$

令 $Y_k = X_k + a$ 可得

$$X_k - A(1 + B)X_{k-1} + BAX_{k-2} = 0$$

其特征值为

$$\lambda = \frac{1}{2}A(1 + B) \pm \frac{1}{2}\sqrt{A^2(1 + B)^2 - 4AB}$$

若 $A^2(1 + B)^2 < 4AB$, 则

$$\lambda = \frac{1}{2}A(1 + B) \pm \frac{1}{2}\sqrt{4AB - A^2(1 + B)^2}\mathrm{i} = \sqrt{AB}\mathrm{e}^{\pm \mathrm{i}\theta}$$

其中 θ 为 $\frac{1}{2}A(1 + B) + \frac{1}{2}\sqrt{4AB - A^2(1 + B)^2}\mathrm{i}$ 的辐角.

从而可得差分方程的解为

$$Y_k = (AB)^{\frac{k}{2}}\left(u_1 \cos k\theta + u_2 \sin k\theta\right) + \frac{G}{1-A}$$

其中 u_1, u_2 为常数.

若 $AB = 1$, 易见 $\{Y_k\}$ 为一周期函数在 $k = 0, 1, \cdots$ 的取值, 从而 $\{Y_k\}$ 呈周期变化的状态. 正如在例 7 中所见到的.

练习 25 若 $A^2(1+B)^2 < 4AB$, 在 $AB < 1$ 及 $AB > 1$ 的情形下, 讨论 $\{Y_k\}$ 的变化趋势. 国民收入会稳定发展吗?

练习 26 若 $A^2(1+B)^2 \geqslant 4AB$, 国民收入水平在什么条件下会稳定发展?

§3 本实验涉及的 MATLAB 软件语句说明

```
1.    solution=solve(l^2-2*l+4==0);
      l1=solution(1)
      l2=solution(2)
```

将方程l^2-2*l+4==0的两个根分别赋值给l1及l2.

```
2.    eqs1 = c1*l1+c2*l2==x1, c1*l1^2+c2*l2^2==x2;
      [c1,c2] = solve(eqs1,c1,c2)
```

将方程组c1*l1+c2*l2==x1,c1*l1^2+c2*l2^2==x2的解赋值给 c1 及 c2.

```
3.    c1=simple(subs(c1,{'x1','x2','l1','l2'},{x1, x2,l1,l2}))
```

代入求出的x1, x2, l1, l2, 将c1化简.

实验九 线性映射的迭代与特征向量的计算

【实验目的】

(1) 掌握线性映射的性质;

(2) 了解特征值、特征向量的计算方法：乘幂法;

(3) 用线性映射的性质解决两个实际问题：天气问题与比赛排名问题.

§1 基 本 理 论

关系式

$$\begin{cases} x_1^{(n+1)} = a_{11}x_1^{(n)} + a_{12}x_2^{(n)} + \cdots + a_{1m}x_m^{(n)}, \\ x_2^{(n+1)} = a_{21}x_1^{(n)} + a_{22}x_2^{(n)} + \cdots + a_{2m}x_m^{(n)}, \\ \qquad\qquad \cdots\cdots \\ x_m^{(n+1)} = a_{m1}x_1^{(n)} + a_{m2}x_2^{(n)} + \cdots + a_{mm}x_m^{(n)} \end{cases} \tag{9.1}$$

将向量 $(x_1^{(n)}, x_2^{(n)}, \cdots, x_m^{(n)})^{\mathrm{T}}$ 映射为向量 $(x_1^{(n+1)}, x_2^{(n+1)}, \cdots, x_m^{(n+1)})^{\mathrm{T}}$. 它可以写成 $x_{n+1} = Ax_n$ (其中 x_n, x_{n+1} 为 m 维向量, A 为 $m \times m$ 矩阵) 的形式. 我们把形如 $y = Ax$ 的映射称为线性映射. 给出一个初始向量 $x_0 = (x_1^{(0)}, x_2^{(0)}, \cdots, x_m^{(0)})^{\mathrm{T}}$, 将上述映射反复作用可得序列：$x_0, x_1 = Ax_0, x_2 = Ax_1, \cdots, x_{n+1} = Ax_n, \cdots$. 我们将这一过程称为线性映射的迭代, 其中矩阵 A 称为迭代矩阵.

§2 实验内容与练习

2.1 平面线性映射的迭代

在 (9.1) 式中, 取 $m = 2$, 就得到比较简单的平面线性映射 $((x_1^{(n)}, x_2^{(n)})^{\mathrm{T}}$ 可以看作平面上的点)：

$$\begin{cases} x_1^{(n+1)} = a_{11}x_1^{(n)} + a_{12}x_2^{(n)}, \\ x_2^{(n+1)} = a_{21}x_1^{(n)} + a_{22}x_2^{(n)} \end{cases} \tag{9.2}$$

对于给定的迭代矩阵 $A = \begin{pmatrix} a_{11} & a_{12} \\ a_{21} & a_{22} \end{pmatrix}$ 及初始向量 $(x_1^{(0)}, x_2^{(0)})^{\mathrm{T}}$, 利用 (9.2) 进行迭代所得到的序列具有什么样的性质呢? 这是本节所要解决的问题.

我们先从一个具体的例子着手.

取迭代矩阵 $A = \begin{pmatrix} 4 & 2 \\ 1 & 3 \end{pmatrix}$, $(x_1^{(0)}, x_2^{(0)})^{\mathrm{T}} = (1,2)^{\mathrm{T}}$. 下面的 MATLAB 语句可以求出点列 $(x_1^{(n)}, x_2^{(n)})^{\mathrm{T}}(n = 1, 2, \cdots)$, 并画出这些点的散点图.

```
A=[4,2;1,3];
x=[1;2];
t=[];
for i=1:20
    x=A*x;
    t(i,1:2)=x;
end
plot(t(1:20,1),t(1:20,2),'*');
```

练习 1 取迭代矩阵 $B = \dfrac{1}{10}A = \begin{pmatrix} 0.4 & 0.2 \\ 0.1 & 0.3 \end{pmatrix}$, 初始向量 $(x_1^{(0)}, x_2^{(0)})^{\mathrm{T}} = (1,2)^{\mathrm{T}}$, 求出点列 $(x_1^{(n)}, x_2^{(n)})^{\mathrm{T}}(n = 1, 2, \cdots)$, 并画出这些点的散点图.

如果知道 $\{x_n\}$ 的通项, 就可以很方便地研究迭代序列的性质. 下面来研究 $x_1^{(n)}$ 与 $x_2^{(n)}$ 的通项.

由迭代的过程可以知道

$$x_n = Ax_{n-1} = A \cdot Ax_{n-2} = A^2 x_{n-2} = \cdots = A^n x_0$$

因此, 如果已知 x_0, 只要设法求出 A^n, 就可以写出 x_n 的一般表达式.

如果 A 是对角矩阵 $\begin{pmatrix} a_1 & 0 \\ 0 & a_2 \end{pmatrix}$, 显然有 $A^n = \begin{pmatrix} a_1^n & 0 \\ 0 & a_2^n \end{pmatrix}$. 如果 A 不是对角矩阵, 它在一定的条件下与对角矩阵相似, 即存在可逆矩阵 P 与对角矩阵 $D = \begin{pmatrix} d_1 & 0 \\ 0 & d_2 \end{pmatrix}$, 使得 $A = PDP^{-1}$. 此时有 $A^n = PD^nP^{-1}$, A 的幂可以很方便地求出来.

在 MATLAB 软件中, 可以用下面的 eig 命令很方便地求出上述的矩阵 P 与 D.

```
A=sym('[4,2;1,3]');
[P,D]=eig(A)
```

程序的结果为 $P = \begin{pmatrix} -1 & 2 \\ 1 & 1 \end{pmatrix}$ 与 $D = \begin{pmatrix} 2 & 0 \\ 0 & 5 \end{pmatrix}$.

练习 2   对 $A = \begin{pmatrix} 4 & 2 \\ 1 & 3 \end{pmatrix}$, $(x_1^{(0)}, x_2^{(0)})^{\mathrm{T}} = (1, 2)^{\mathrm{T}}$, 求出 $\{x_n\}$ 的通项.

练习 3   对于练习 1 中的 B, $(x_1^{(0)}, x_2^{(0)})^{\mathrm{T}} = (1, 2)^{\mathrm{T}}$, 求出 $\{x_n\}$ 的通项.

下面来研究平面线性迭代序列的极限性质. 首先通过图形来观察.

对 $A = \begin{pmatrix} 4 & 2 \\ 1 & 3 \end{pmatrix}$, 初始向量取 -1 与 1 之间的随机数. 我们进行多次迭代, 用下面的程序将所得到的迭代点列画在同一个图上 (图 9.1).

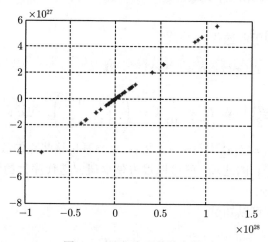

图 9.1   迭代序列的散点图

```
A=[4,2;1,3];
t=[];
for i=1:20
    x=2*rand(2,1)-1;
    t(length(t)+1,1:2)=x;
    for j=1:40
        x=A*x;
        t(length(t)+1,1:2)=x;
    end
end
plot(t(:,1),t(:,2),'*')
grid('on')
```

可以看出, 迭代点列似乎在一条通过原点的直线上. 为什么会出现这种现象呢?

若一个点列位于平面上的一条直线上, 则这个点列的两个分量的比值是一个常数. 那么, 上述序列的两个分量的比值是否是一个常数呢?

练习 4 对随机给出的 $(x_1^{(0)}, x_2^{(0)})^{\mathrm{T}}$, 观察数列 $\left\{\dfrac{x_2^{(n)}}{x_1^{(n)}}\right\}$. 该数列有极限吗?

练习 5 对 $x_0 = (x_1^{(0)}, x_2^{(0)})^{\mathrm{T}}$, 给出 $\{x_n\}$ 的通项公式, 从理论上研究数列 $\left\{\dfrac{x_2^{(n)}}{x_1^{(n)}}\right\}$ 的极限, 并与练习 4 的结论作对比.

练习 6 对于练习 1 中的迭代矩阵 B, 取随机的初始值, 画出迭代序列的散点图, 并研究 $\left\{\dfrac{x_2^{(n)}}{x_1^{(n)}}\right\}$ 的极限.

2.2 一般线性映射的迭代

在前一节中, 我们研究了平面线性映射的迭代, 即在 (9.1) 中取 $m = 2$ 的情况. 下面来研究 m 取一般值的情况. 此时仍然有

$$x_n = Ax_{n-1} = A^2 x_{n-2} = \cdots = A^n x_0 \tag{9.3}$$

类似于 2.1 节, 如果 A 是一个对角矩阵或与一个对角矩阵相似, 则可以比较方便地求出矩阵 A 的幂, 从而求出 x_n 的一般表达式.

对 $A = \begin{pmatrix} 2.1 & 3.4 & -1.2 & 2.3 \\ 0.8 & -0.3 & 4.1 & 2.8 \\ 2.3 & 7.9 & -1.5 & 1.4 \\ 3.5 & 7.2 & 1.7 & -9.0 \end{pmatrix}$, 用 [P,D]=eig(A) 语句, 可以求出矩

阵 P, D, 使 $A = PDP^{-1}$, 其中

$$P = \begin{pmatrix} -0.3779 & -0.8848 & -0.0832 & -0.3908 \\ -0.5367 & 0.3575 & -0.2786 & 0.4777 \\ -0.6473 & 0.2988 & 0.1092 & -0.7442 \\ -0.3874 & -0.0015 & 0.9505 & 0.2555 \end{pmatrix}$$

$$D = \begin{pmatrix} 7.2300 & 0 & 0 & 0 \\ 0 & 1.1352 & 0 & 0 \\ 0 & 0 & -11.2213 & 0 \\ 0 & 0 & 0 & -5.8439 \end{pmatrix}$$

练习 7 若 $B = \dfrac{1}{10} \begin{pmatrix} 62 & 581 & 511 & -1012 \\ -100 & -957 & -844 & 1668 \\ 560 & 5394 & 4761 & -9388 \\ 230 & 2218 & 1958 & -3859 \end{pmatrix}$, $x_0 = (1, 3, -2, 2)^{\mathrm{T}}$,

给出 x_n 的通项公式.

若 A 不相似于一个对角矩阵, 则求 A 的幂要相对困难一些, 有兴趣的读者请参考矩阵论方面的有关书籍.

对一般的线性映射迭代序列, 其极限性质如何呢?

练习 8　对 $A = \begin{pmatrix} 2.1 & 3.4 & -1.2 & 2.3 \\ 0.8 & -0.3 & 4.1 & 2.8 \\ 2.3 & 7.9 & -1.5 & 1.4 \\ 3.5 & 7.2 & 1.7 & -9.0 \end{pmatrix}$, $x_0 = (1, 2, 3, 4)^{\mathrm{T}}$. 求出相应

的迭代序列. 此序列存在极限吗?

由上述练习可以看出, 在迭代中, x_n 的各个分量的绝对值趋向于无穷大 (有时会趋向于零). 如果在计算时可以将 x_n 的各分量同时除以一个数, 保证 x_n 的分量的绝对值在迭代过程中不趋向于无穷大 (零). 一种常用的方法是每次除以绝对值最大的那个分量, 这个过程称为归一化. 这样可使得计算时, 绝对值最大的分量一直是 1.

对练习 8 中的例子, 迭代一步得 $x_1 = (14.5, 23.7, 19.2, -13.0)^{\mathrm{T}}$, 其绝对值最大的分量为 $x_1^{(2)} = 23.7$, 将 x_1 的每个分量除以 23.7 得

$$y_1 = (0.6118,\ 1.0000,\ 0.8101,\ -0.5485)^{\mathrm{T}}$$

然后, 令 $x_2 = Ay_1$, 得

$$x_2 = (2.4511, 1.9751, 7.3241, 15.6553)^{\mathrm{T}}$$

再归一化得

$$y_2 = (0.1566, 0.1262, 0.4678, 1.0000)^{\mathrm{T}}$$

我们称上述迭代过程为归一化迭代. 记 $m(x)$ 为向量 x 的绝对值最大的分量 (若有超过一个分量的绝对值都是最大的, 则取最前面的分量). 归一化迭代过程可写为:

对给定的迭代矩阵 A 及初始向量 x_0, 令 $x_1 = Ax_0$, $y_1 = x_1/m(x_1)$. 若已经得到 x_k, y_k, 则令 $x_{k+1} = Ay_k$, $y_{k+1} = x_{k+1}/m(x_{k+1})$.

练习 9　对上面的例子, 继续计算 $x_n, y_n (n = 1, 2, \cdots)$. 观察 $\{x_n\}, \{y_n\}$ 及 $m(x_n)$ 的极限是否存在.

如果 $\{y_n\}$ 的极限存在, 那么它的极限是一个什么向量呢?

由于 $\{y_n\}$ 的极限存在, 显然 $m(x_n)$ 的极限也存在, 记 $\lim_{n \to \infty} y_n = y$, $\lim_{n \to \infty} m(x_n) = \lambda$. 对

$$y_n = \frac{1}{m(x_{n-1})} Ay_{n-1}$$

两边同时取极限, 有

$$y = \frac{1}{\lambda} Ay$$

即 $Ay = \lambda y$, 这说明 y 是对应于 A 的某个特征值的特征向量.

那么, 归一化迭代过程在什么情况下收敛呢? 下面的定理给出了一个收敛的充分条件.

定理 9.1 设 m 阶实方阵 A 有 m 个线性无关的特征向量 $\xi_1, \xi_2, \cdots, \xi_m$, A 的 m 个特征值满足下列关系:

$$|\lambda_1| > |\lambda_2| \geqslant |\lambda_3| \geqslant \cdots \geqslant |\lambda_m|$$

则对任意的非零初始向量 $x_0 = a_1\xi_1 + a_2\xi_2 + \cdots + a_m\xi_m (a_1 \neq 0)$, 按上述迭代过程得到 $x_1, x_2, \cdots$ 及 $y_1, y_2, \cdots$, 有

$$\lim_{n \to \infty} y_n = a\xi_1 \quad (\text{其中 } a \text{ 是一个非零常数})$$

$$\lim_{n \to \infty} m(y_n) = \lambda_1$$

练习 10 求出 A 的所有特征值与特征向量, 并与练习 9 的结论作对比.

练习 11 取 $B = 0.01A$, $x_0 = (1, 2, 3, 4)^{\mathrm{T}}$, 具体进行归一化迭代过程.

归一化迭代的方法实际上求出了矩阵 A 的绝对值最大的特征值及对应的特征向量. 这种求特征值及对应的特征向量的方法称为乘幂法.

2.3 天气问题

问题 1 某地区的天气可分为两种状态: 晴、阴雨. 若今天的天气为晴, 则明天晴的概率为 3/4, 阴雨的概率为 1/4; 如果今天为阴雨天, 则明天晴的概率为 7/18, 阴雨的概率为 11/18. 我们可以用一矩阵 A_1 来表示这种变化, 矩阵 A_1 称为转移矩阵 (这些概率可以通过观察该地区以往几年每天天气变化的测量数据来确定).

天气问题
模型建立

$$A_1 = \begin{array}{c} \\ \\ \text{晴} \\ \\ \text{阴雨} \end{array} \begin{array}{cc} \overset{\text{明天}}{} & \overset{\text{今天}}{} \\ \overset{\text{晴}}{} & \overset{\text{阴雨}}{} \\ \begin{bmatrix} \dfrac{3}{4} & \dfrac{7}{18} \\[2mm] \dfrac{1}{4} & \dfrac{11}{18} \end{bmatrix} \end{array}$$

试根据这些数据来判断该地区的天气变化情况.

问题 2　若该地区的天气分为三种状态：晴、阴、雨. 对应的转移矩阵为

天气问题
模型计算

$$
\begin{array}{cc}
 & \text{明天}\qquad\text{今天} \\
 & \quad\text{晴　阴　雨} \\
A_2 = \begin{array}{c}\text{晴}\\[6pt]\text{阴}\\[6pt]\text{雨}\end{array} & \begin{bmatrix} \dfrac{3}{4} & \dfrac{1}{2} & \dfrac{1}{4} \\[6pt] \dfrac{1}{8} & \dfrac{1}{4} & \dfrac{1}{2} \\[6pt] \dfrac{1}{8} & \dfrac{1}{4} & \dfrac{1}{4} \end{bmatrix}
\end{array}
$$

试根据这些数据来判断该地区的天气变化情况.

我们与读者一起来解决这两个问题.

设某天是晴的概率为 $p_1^{(0)}$, 阴雨的概率为 $p_2^{(0)}$, 我们将这一天的天气状态用向量 $p^{(0)} = (p_1^{(0)}, p_2^{(0)})^{\mathrm{T}}$ 来表示, k 天之后的天气状态用向量 $p^{(k)} = (p_1^{(k)}, p_2^{(k)})^{\mathrm{T}}$ 来表示. 显然, 对 1 天之后, 有

$$
\begin{cases}
p_1^{(1)} = \dfrac{3}{4}p_1^{(0)} + \dfrac{7}{18}p_2^{(0)}, \\[10pt]
p_2^{(1)} = \dfrac{1}{4}p_1^{(0)} + \dfrac{11}{18}p_2^{(0)}
\end{cases}
$$

即 $p^{(1)} = A_1 p^{(0)}$.

于是, $p^{(k)} = A_1 p^{(k-1)} = \cdots = A_1^k p^{(0)}$、也就是说, k 天之后, 晴、阴雨的概率组成的向量为 $p^{(k)} = A^k p^{(0)}$、

假设 $p^{(0)} = (0.5, 0.5)^{\mathrm{T}}$, 可以计算出若干天之后的天气状态, 见表 9.1.

表 9.1　取 $p^{(0)} = (0.5, 0.5)^{\mathrm{T}}$ 时, 若干天后的天气状态

k	$p^{(k)}$	k	$p^{(k)}$
0	0.5000, 0.5000	5	0.6080, 0.3920
1	0.5694, 0.4306	6	0.6085, 0.3915
2	0.5945, 0.4055	7	0.6086, 0.3814
3	0.6036, 0.3964	8	0.6087, 0.3913
4	0.6068, 0.3932	9	0.6087, 0.3913

易见, 到第 8 天之后, 晴、阴雨的概率便稳定下来, $p^{(k)}$ 均约等于 $p^* = (0.6087, 0.3913)^{\mathrm{T}}$.

练习 12　设 $p^{(0)} = (0.5, 0.25, 0.25)^{\mathrm{T}}$, 对问题 2 求出若干天之后的天气状态, 并找出其特点 (取 4 位有效数字).

上面求出的向量 p^* 与矩阵 A_1 有什么关系呢?

由于 $p^{(14)} \approx p^{(15)} \approx \cdots \approx p^*$, 显然有 $p^* \approx A_1 p^*$. 若存在向量 $\bar{p}$ 使得 $\bar{p} = A_1 \bar{p}$, 则 A_1 有一特征值 1, $\bar{p}$ 为 A_1 的对应于特征值 1 的特征向量. 那么 p^* 与 A_1 的特征向量 $\bar{p}$ 是否相等呢?

MATLAB 软件中的命令 [P,D]=eig(A1) 可以用来求 A_1 的特征值与特征向量. 求得 A_1 的一个特征向量为 $(0.8412, 0.5408)^{\mathrm{T}}$. 事实上, $q = k(0.8412, 0.5408)^{\mathrm{T}}$ 均为特征向量. 而 p^* 的两个分量之和为 1, 为了将 q 与 p^* 作对比, 可令 $k(0.8412 + 0.5408) = 1$, 即取 $k = 0.7236$, 此时有 $q = (0.6087, 0.3913)^{\mathrm{T}}$, 与 p^* 一致.

练习 13 求解 A_1 的特征方程, 从而精确求出 A_1 的特征值与对应的特征向量, p^* 与 A_1 的特征向量有什么关系?

练习 14 对于问题 2, 求出矩阵 A_2 的特征值与特征向量, 并将特征向量与练习 12 中的结论作对比.

在问题 1 中, 对 $p^{(0)} = (0.5, 0.5)^{\mathrm{T}}$, 我们可以发现若干天之后的天气状态是稳定的, 那么对于其他的初始状态 $p^{(0)}$, 情况又如何呢?

练习 15 对问题 1 与问题 2, 取随机的初始向量 $p^{(0)}$, 观察 $p^{(k)}$ 是否逐渐稳定.

注 1 取随机的初始向量 $p^{(0)}$ 时, $p^{(0)}$ 的分量之和必须取为 1.

注 2 可多次取随机的初始向量 $p^{(0)}$, 重复观察.

在上面的推导中, 均采用近似计算. 比如, 我们对 $p^{(0)} = (0.5, 0.5)^{\mathrm{T}}$, 通过近似计算, 发现对 $k \geqslant 8$, 有 $p^{(k)} \approx p^* = (0.6087, 0.3913)^{\mathrm{T}}$. 那么, 如果我们直接求出 $p^{(k)}$ 的通项公式是否能得出这一结果呢? 下面用不同于 9.1 节的方法来求 $p^{(k)}$ 的通项公式.

设 p 是 A_1 的对应于特征值 λ 的特征向量, 则有

$$A_1 p = \lambda p$$

$$A_1^2 p = A_1(A_1 p) = A_1(\lambda p) = \lambda(A_1 p) = \lambda^2 p$$

类似地有

$$A_1^k p = \lambda^k p$$

因此, 若 $p^{(0)} = p$, 则

$$p^{(k)} = A_1^k p = \lambda^k p$$

设二阶矩阵 A_1 有两个特征向量 p_1, p_2, 对于一般的初始状态向量 $p^{(0)} = (p_1^{(0)}, p_2^{(0)})^{\mathrm{T}}$, 如果能将 $p^{(0)}$ 写成 p_1, p_2 的线性组合, $p^{(0)} = u p_1 + v p_2$, 则有

$$p^{(k)} = A_1^k p^{(0)}$$

$$= A_1^k(up_1 + vp_2)$$
$$= uA_1^k p_1 + vA_1^k p_2$$
$$= u\lambda_1^k p_1 + v\lambda_2^k p_2$$

所以, 若已知 u, v, 则可求出 $p^{(k)}$ 的具体表达式.

练习 16　对问题 1, 设 p_1, p_2 为 A_1 的两个线性无关的特征向量, 若 $p^{(0)} = \left(\dfrac{1}{2}, \dfrac{1}{2}\right)^{\mathrm{T}}$, 具体求出上述的 u, v, 将 $p^{(0)}$ 表示成 p_1, p_2 的线性组合, 求 $p^{(k)}$ 的具体表达式, 并求 $k \to \infty$ 时 $p^{(k)}$ 的极限, 与已知结论作比较.

练习 17　对问题 2, 求出 $p^{(k)}$ 的具体表达式, 并求 $k \to \infty$ 时, $p^{(k)}$ 的极限, 与练习 12 的结果作对比.

2.4　比赛名次问题

问题 3　六名选手 A, B, C, D, E 和 F 进行围棋单循环比赛, 其比赛结果如下:

A 战胜 B,D,E,F;
B 战胜 D,E,F;
C 战胜 A,B,D;
D 战胜 E,F;
E 战胜 C,F;
F 战胜 C.

请你给六名选手排一个合理的名次.

按通常的方法可以给选手们排一个初步的名次, 即每战胜一名选手得 1 分, 按总得分排名次. 六名选手的得分排成一个向量为

$$s_1 = (4, 3, 3, 2, 2, 1)^{\mathrm{T}}$$

我们得到的初步名次为：1：A; 2, 3：B, C; 4, 5：D, E; 6：F. 那么, 这样排名次是否合理? 并列名次怎么处理?

我们排名次的一个重要根据是每战胜一名选手得 1 分. 事实上, 这一根据并不十分合理, 胜 "强者" 的得分比胜 "弱者" 的得分应该高. 那么, 谁是 "强者", 谁是 "弱者" 呢? 得分又应该给多少呢?

我们可以按初步得到的得分 s_1 判定强弱, 得分就按照 s_1 的分量大小给定. 比如, A 胜了 B, D, E, F, 而 s_1 中对应于 B, D, E, F 的分量分别为 3, 2, 2, 1, 所以

A 的得分分别为 $3,2,2,1$, A 的总得分为 8. 类似地可得出其他选手的得分, 于是得到得分向量

$$s_2 = (8,5,9,3,4,3)^{\mathrm{T}}.$$

是否应该按 s_2 来排定名次呢? 我们是按 "胜强者得分高" 这一原则来给出得分的, 既然 s_2 比 s_1 更合理, 我们就应该按照这一原则根据 s_2 再计算一遍. 比如 A 的得分为 $5+3+4+3=15$, B 的得分为 $3+4+3=10$, 其余类推. 得到

$$s_3 = (15,10,16,7,12,9)^{\mathrm{T}}$$

可以看出按 s_1, s_2 与 s_3 排出的名次不一致, 也就是说排名出现了波动现象. 那么, 上述过程进行到什么时候为止呢?

练习 18 将上述过程进行下去, 编程计算 $s_k(k=4,5,\cdots)$. 如何给出各选手的最终名次?

一个直观的想法是计算 s_k 的极限, 如果极限存在, 我们可以依照极限来排名次.

按照前面的方法来计算 s_k 很麻烦, 我们想办法来给出 s_k 的通式. 我们把各选手的成绩写成下面的矩阵形式:

$$M = \begin{pmatrix} 0 & 1 & 0 & 1 & 1 & 1 \\ 0 & 0 & 0 & 1 & 1 & 1 \\ 1 & 1 & 0 & 1 & 0 & 0 \\ 0 & 0 & 0 & 0 & 1 & 1 \\ 0 & 0 & 1 & 0 & 0 & 1 \\ 0 & 0 & 1 & 0 & 0 & 0 \end{pmatrix}$$

显然 $s_k = Ms_{k-1}(k=2,3,\cdots)$. 如果记 $s_0=(1,1,1,1,1,1)^{\mathrm{T}}$, 则有 $s_1 = Ms_0$, 所以 $s_k = Ms_{k-1}$ 对 $k=1$ 也成立.

练习 19 编程计算 s_k, 观察 s_k 的极限是否存在.

由于我们关心的是各选手的名次, 向量 s_k 的各个分量同时除以一个正数并不影响他们的名次排列. 因此可以用 2.2 节中的归一化迭代的方法来求出选手的名次.

由于归一化迭代方法中, 序列收敛于迭代矩阵的最大特征值的特征向量, 因此在一定条件下我们可以用该特征向量来给出比赛选手的名次.

练习 20 求 M 的最大特征值对应的特征向量, 用此向量来确定选手的名次.

§3　本实验涉及的 MATLAB 软件语句说明

```
A=sym('[4,2;1,3]');
        [P,D]=eig(A)
```

求出矩阵 P, D, 使得 $AP = PD, P$ 的列向量为特征向量, D 为对角矩阵, 对角线元素为 A 的特征值. 在 A 可以对角化时, $A = PDP^{-1}$.

实验十 辗转相除法

【实验目的】

(1) 学习用辗转相除法求最大公约数及最大公因式;

(2) 求解最简单的不定方程.

§1 基 本 理 论

1.1 初等数论的基本理论

定义 10.1 任给两个整数 a, b, 其中 $b \neq 0$, 如果存在一个整数 q 使得等式 $a = bq$ 成立, 则称 b 整除 a, 记作 $b|a$. 此时称 b 为 a 的约数, a 为 b 的倍数.

定理 10.2 设 a, b 是两个整数, 其中 $b > 0$, 则存在唯一的整数 q 及 r, 使得

$$a = bq + r, \quad 0 \leqslant r < b$$

成立.

定义 10.3 设 $a_1, a_2, \cdots, a_n$ 是 n 个不全为零的整数, 若整数 d 是它们之中每一个数的约数, 那么 d 就叫作 $a_1, a_2, \cdots, a_n$ 的一个公约数. 整数 $a_1, a_2, \cdots, a_n$ 的公约数中最大的一个叫最大公约数, 记作 $(a_1, a_2, \cdots, a_n)$, 若 $(a_1, a_2, \cdots, a_n) = 1$, 则称 $a_1, a_2, \cdots, a_n$ 互素.

定理 10.4 若 $a|bc$, $(a, b) = 1$, 则 $a|c$.

定理 10.5 $(a_1, a_2, \cdots, a_n) = ((a_1, a_2, \cdots, a_{n-1}), a_n)$.

1.2 多项式的基本理论

定义 10.6 形如 $f(x) = a_n x^n + a_{n-1} x^{n-1} + \cdots + a_1 x + a_0 (a_n, a_{n-1}, \cdots, a_1, a_0$ 为实数, $a_n \neq 0$) 的函数称为实系数多项式, 整数 n 称为该多项式的次数, 记作 $\deg(f(x))$. 对于零多项式, 一般不定义其次数.

定理 10.7 设 $f(x)$ 与 $g(x)$ 是两个实系数多项式, 则存在唯一的多项式 $q(x)$ 与 $r(x)$ 使得

$$f(x) = g(x)q(x) + r(x)$$

其中, $\deg(r(x)) < \deg(g(x))$ 或 $r(x) = 0$. 上述的 $q(x)$ 称为商式, $r(x)$ 称为余式.

定义 10.8 设 $f(x)$ 与 $g(x)$ 是两个实系数多项式, 若存在多项式 $q(x)$ 使得

$$f(x) = g(x)q(x)$$

则称 $g(x)$ 整除 $f(x)$, 记为 $g(x)|f(x)$, 称 $g(x)$ 为 $f(x)$ 的因式, $f(x)$ 为 $g(x)$ 的倍式.

定义 10.9 设 $f(x)$ 与 $g(x)$ 是两个实系数多项式, 若实系数多项式 $h(x)$ 满足 $h(x)|f(x)$, $h(x)|g(x)$, 则称 $h(x)$ 是 $f(x)$ 与 $g(x)$ 的公因式. 若 $d(x)$ 是 $f(x)$ 与 $g(x)$ 的公因式, 且 $d(x)$ 是 $f(x)$ 与 $g(x)$ 的任一公因式的倍式, 则称 $d(x)$ 是 $f(x)$ 与 $g(x)$ 的最大公因式, 记为 $d(x) = (f(x), g(x))$. 显然, 若 $d(x)$ 是 $f(x)$ 与 $g(x)$ 的最大公因式, 则对任意实数 $c \neq 0$, $cd(x)$ 也是 $f(x)$ 与 $g(x)$ 的最大公因式.

§2 实验内容与练习

2.1 整数的辗转相除法

练习 1 用枚举法计算 $(81, 42)$, $(72, 95)$, $(1397, 2413)$.

在中国古代就有一个很好的算法来计算 a, b 的最大公约数 (a, b), 称为辗转相除法, 在西方称为 Euclid 算法. 下面通过计算 $(1397, 2413)$ 来阐述这一算法.

首先, 我们用这两个整数 1397 和 2413 中小的去除大的, 得商为 1, 余数为 1016. 将原来两个数中大的 2413 扔掉, 将 1397 作为大数, 将余数 1016 作为新的除数. 重复上面的过程: 用 1016 去除 1397, 得商为 1, 余数为 381; 扔掉 1397, 将 381 作为除数, 1016 作为大数. 用 381 去除 1016, 得商为 2, 余数为 254. 扔掉 1016, 用 254 去除 381, 得商为 1, 余数为 127. 再扔掉 381, 用 127 去除 254, 发现能整除, 于是 127 就是最大公约数. 整个计算过程为

$$2413 = 1397 \times 1 + 1016$$
$$1397 = 1016 \times 1 + 381$$
$$1016 = 381 \times 2 + 254$$
$$381 = 254 \times 1 + 127$$
$$254 = 127 \times 2 + 0$$

所以 $(1397, 2413) = 127$.

为什么这样求出的就是最大公约数呢? 下面对 a, b 为正整数 $(a > b)$ 的情形给出说明. 根据定理 10.2, 商 q 和余数 r 满足

$$a = bq + r \quad 且 \quad 0 \leqslant r \leqslant b - 1$$

若 $r = 0$, 显然 $(a,b) = b$; 若 $r \neq 0$, 由于 $a = bq+r$, 每个能整除 b, r 的整数都能整除 a, 当然能同时整除 a, b, 所以 $(b,r) \,|\, (a,b)$; 另一方面, $r = a - bq$, 每个能整除 a, b 的整数都能整除 r, 当然能同时整除 b, r, 所以 $(a,b) \,|\, (b,r)$. 因此 $(a,b) = (b,r)$. 辗转相除法进行一步后, b 取代原来的 a, 用 r 取代原来的 b, 最大公约数保持不变, 因此我们的算法可以一直进行下去:

$$a = bq_1 + r_1$$

$$b = r_1q_2 + r_2$$

$$r_1 = r_2q_3 + r_3$$

$$\cdots\cdots$$

$$r_{k-3} = r_{k-2}q_{k-1} + r_{k-1}$$

$$r_{k-2} = r_{k-1}q_k$$

一旦出现 $r_{k-2} = r_{k-1}q_k$ (即 $r_k = 0$), 则有

$$r_{k-1} = (r_{k-2}, r_{k-1}) = \cdots = (r_1, r_2) = (b, r_1) = (a, b)$$

上述的求最大公约数的方法就称为辗转相除法. 在 MATLAB 软件中可用 mod(a,b) 来求 a 除以 b 的余数. 我们可以用下面的程序来实现辗转相除法:

```
function [p,step]=f(a,b)
step=0;p=a;q=b;
if (p<q)
    r=p;p=q;q=r;
end
while q~=0
    r=q;q=mod(p,q);p=r;step=step+1;
end
```

在上述程序中, 对给定的两个正整数 a,b, f(a,b) 输出一个数组 [p,step], 其中 p 表示两个数的最大公约数, step 用来记录辗转相除法计算的步数.

练习 2 用上述程序计算 $(81, 42)$, $(72, 95)$, $(1397, 2413)$.

那么, 上述计算过程会不会无限进行下去呢?

由上述算法有 $b > r_1 > r_2 > \cdots$, 所以余数是严格递减的, 从而会在有限步终止. 而且算法的步数不大于 b, 因为余数序列的最差情形为 $b-1, b-2, \cdots, 1, 0$.

上面我们给出的步数的估计是 b, 实际上步数是多少呢?

对任意给出的正整数 a, b, 下面研究辗转相除法的步数. 如下的程序给出 $10^4 < a$, $b < 10^5$ 时, 辗转相除法求最大公约数的步数为 k 的次数 $(1 \leqslant k \leqslant 20)$. 图 10.1 给出了步数的散点图, 其横轴表示步数, 纵轴表示相对应的步数出现的次数.

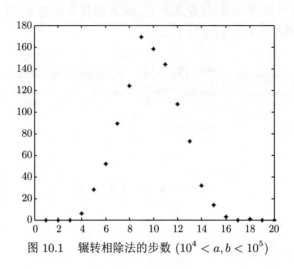

图 10.1　辗转相除法的步数 $(10^4 < a, b < 10^5)$

```
n=4;u=10^n;v=10^(n+1);
m=1000;% 选取的整数对的数目
step=zeros(1,20);
for i=1:m
    x=u-1+random('unid',v-u+1);
    y=u-1+random('unid',v-u+1);
    [p,s]=f(x,y);% 此处的f由前一程序定义
    if s<=20
        step(s)=step(s)+1;
    end
end
step
plot(step,'k*')
```

练习 3　选取各种数对 (a, b), 依次取 $10^n < a, b < 10^{n+1}(n = 1, 2, \cdots)$, 运行上述程序, 研究辗转相除法的速度. 是否大的数所需的计算步数也多? 你能否给出一个关于步数的上界 (当然和 a, b 有关)?

练习 4　每次随机选取 1000 个数对, 并依次取 $10 < b < a < 100$, $100 < b < a < 1000$, $1000 < b < a < 10000$, 等等. 画出辗转相除法中步数为 $k(1 \leqslant k \leqslant 20)$ 的次数. 当 $10^n < a, b < 10^{n+1}$, 其中 n 从 1 变化到 7 时, 上述图形是怎样变化的? 较大的数是否平均需要更多步? 将你得到的数据填入表 10.1, 你能否用一个函数

来表示平均步数与 n 的依赖关系?

表 10.1 辗转相除法的平均步数

n	1	2	3	4	5	6	7
平均步数							

练习 5 取 a 和 b 满足 $10^n < b < a < 10^{n+1}$, 画出 $1, 2, 3, \cdots$ 作为最大公约数出现的相对频率. 对几个不同的 n 值画图, 这些图形与 n 的依赖关系怎样?

最大公约数及整数互质频率

练习 6 当 a 和 b 随机选取时, 两者互素的概率是多少? 对此你已有一个粗略的答案: 它恰是 $(a, b) = 1$ 出现次数所占的比例, 它在前面的实验中出现的次数多于半数, 确切的结果是, 这一事件的概率为 $6/\pi^2 \approx 0.6079$. 与你的实验结果相比如何?

下面来证明 $(a, b) = 1$ 的概率为 $6/\pi^2$. 设 $(a, b) = k$ 的概率为 p_k.

在自然数中任取两个数 a, b 都是偶数的概率显然为 $\dfrac{1}{4}$, 此时 $\dfrac{a}{2}$ 与 $\dfrac{b}{2}$ 又对应着两个任意的自然数, 于是 $\left(\dfrac{a}{2}, \dfrac{b}{2}\right) = 1$ 的概率为 p_1. a, b 均为偶数时, $(a, b) = 2$ 的充要条件是 $\left(\dfrac{a}{2}, \dfrac{b}{2}\right) = 1$, 所以有 $p_2 = \dfrac{1}{4} p_1$, 类似地有 $p_k = \dfrac{1}{k^2} p_1$.

由于 $\sum\limits_{k=1}^{\infty} p_k = 1$, 从而 $p_1 \sum\limits_{k=1}^{\infty} \dfrac{1}{k^2} = 1$. 由

$$\sum_{k=1}^{\infty} \frac{1}{k^2} = 1 + \frac{1}{4} + \frac{1}{9} + \cdots = \frac{\pi^2}{6}$$

得到 $p_1 = \dfrac{6}{\pi^2}$.

练习 7 选取 10000 对随机的 a, b, 根据 $(a, b) = 1$ 的概率求出 π 的近似值.

根据前面的推导, $p_k = \dfrac{1}{k^2} p_1 = \dfrac{6}{\pi^2 k^2}$. 因此, (k, p_k) 应位于平面曲线 $y = \dfrac{6}{\pi^2 x^2}$ 上. 我们可以将求出的点 (k, p_k) 与平面曲线 $y = \dfrac{6}{\pi^2 x^2}$ 画在同一个图上, 见图 10.2, 观察近似的效果.

进一步, 我们可以对数据 $(k, p_k)(k = 1, 2, \cdots)$ 用函数 $y = \dfrac{t}{x^2}$ 进行拟合. 拟合的命令为

```
p=[];
for k=1:20
```

```
          pk=6/(pi^2*k^2);
     p(k)=pk %pk 为求出的概率的近似值
end
fit((1:20)',p','t/x^2')
```

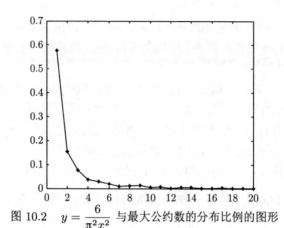

图 10.2　$y = \dfrac{6}{\pi^2 x^2}$ 与最大公约数的分布比例的图形

由于 t 的近似值为 $\dfrac{6}{\pi^2}$, 所以 $\pi \approx \sqrt{\dfrac{6}{t}}$, 从而求出 π 的近似值.

练习 8　选取若干对随机数 a, b, 求出 $p_1, p_2, \cdots$ 的近似值. 求出拟合曲线 $y = \dfrac{t}{x^2}$, 进而求出 π 的近似值.

2.2　Fibonacci 数列与最大公约数

下面我们来研究 Fibonacci 数列的最大公约数的性质.

Fibonacci 数列的定义为

$$F_1 = 1, \quad F_2 = 1, \quad F_{j+1} = F_j + F_{j-1} \quad (j \geqslant 2)$$

该数列的前几项为 $1, 1, 2, 3, 5, 8, 13, 21, 34, 55, 89, 144, \cdots$. Fibonacci 数列有许多有趣的性质. 下面将辗转相除法用于 Fibonacci 数列.

练习 9　对 $j = 1, 2, \cdots$, 求 (F_j, F_{j+1}), (F_j, F_{j+2}) 的值. 一般地, 求出 (F_j, F_{j+r}) $(r = 1, 2, \cdots)$ 的值. 根据你的观察给出相应的命题.

练习 10　用 Fibonacci 数列的定义 $F_{j+1} = F_j + F_{j-1}$ 以及辗转相除法的基本性质 $(a, b) = (b, r)$ 来证明练习 9 的命题.

对给定的正整数对 $(a, b)(a \geqslant b)$, 我们将辗转相除法求 a, b 的最大公约数所需的步数记为 $\text{step}(a, b)$, 显然 $\text{step}(a, b)$ 是 a, b 的函数.

练习 11 对 $j = 1, 2, \cdots$, 求 $\text{step}(F_j, F_{j+1})$, $\text{step}(F_j, F_{j+2})$ 的值. 根据你的观察给出相应的命题, 并证明你的命题.

下面研究函数 $\text{step}(a, b)$ 的一个极值性质, 即给定正整数 k, 满足 $\text{step}(a, b) = k(a \geqslant b)$ 的最小的正整数 a 是什么? 我们将使得 $\text{step}(a, b) = k$ 的最小的正整数 a 记作 a_k, 相应的正整数 b 记为 b_k.

我们先用下面的程序求出最前面的几个 a_k.

```
k=1;
for u=1:100
    for v=1:u
        [p,s]=f(u,v);
        if (s==k)
            fprintf('u=%i,v=%i,k=%i\n',u,v,k)
            k=k+1;
        end
    end
end
```

运行该程序得前几个 a_k 及对应的 b_k 的值如表 10.2 所示.

表 10.2 (a_k, b_k) 的值

k	1	2	3	4	5	6	7	8	9
a_k	1	3	5	8	13	21	34	55	89
b_k	1	2	3	5	8	13	21	34	55

练习 12 将表 10.2 与 Fibonacci 数列的各项做比较, 你能得出什么结论?

若 a_k 是使得 $\text{step}(a, b) = k(a \geqslant b)$ 的最小的正整数, 显然用辗转相除法在求 (a_k, b_k) 的值时, 每一步计算所得到的商 q_i 必须为 1. 否则, 设用辗转相除法得到的商与余数的序列为 $q_1, q_2, \cdots, q_k$ 及 $r_1, r_2, \cdots, r_k(r_{k+1} = 0)$. 若某个 $q_i > 1$, 我们可以构造另外一个数 a' 与 b', 使得用辗转相除法求 a' 与 b' 的最大公约数时, 得到的商与余数的序列为 $q_1, q_2, \cdots, q_{i-1}, 1, q_{i+1}, \cdots, q_k$ 及 $r'_1, r'_2, \cdots, r'_{i-2}, r_{i-1}, r_i, \cdots, r_k$, 其中

$$r'_{i-2} = r_{i-1} + r_i$$

$$r'_{i-3} = r'_{i-2}q_{i-1} + r'_{i-1}$$

$$\cdots\cdots$$

$$r'_1 = r'_2 q_3 + r'_3$$

$$b' = r'_1 q_2 + r'_2$$

$$a' = bq_1 + r_1'$$

显然 $a' < a$ 且 $\text{step}(a', b') = k$, 这与 a_k 的定义相矛盾.

练习 13　证明: 若 a_k 是使得 $\text{step}(a, b) = k$ 成立的最小的 a, 余数的序列为 $r_1, r_2, \cdots, r_k(r_{k+1} = 0)$, 则有 $r_{k-2} = 2$ 及 $r_{k-1} = 1$.

练习 14　证明练习 12 的结论.

2.3　多项式的辗转相除法

辗转相除法不仅可以求出两个整数的最大公约数, 而且可以求出两个多项式的最大公因式.

给出两个多项式 $f(x), g(x)$, 设 $\deg(f(x)) \leqslant \deg(g(x))$, 我们首先用 $g(x)$ 去除 $f(x)$, 即求两个多项式 $q(x)$ 及 $r(x)$, 使得

$$f(x) = g(x)q(x) + r(x)$$

其中 $\deg(r(x)) < \deg(g(x))$ 或 $r(x) = 0$. 由定理 10.7, 这样的多项式是存在的.

若 $r(x) = 0$, 显然有 $(f(x), g(x)) = r(x)$.

若 $r(x) \neq 0$, 令 $d(x) = (g(x), r(x))$, 我们由定义 10.9 来证明 $d(x)$ 也是 $f(x)$ 与 $g(x)$ 的最大公因式.

事实上, 由 $f(x) = g(x)q(x) + r(x)$, $g(x)$ 与 $r(x)$ 的最大公因式 $d(x)$ 是 $f(x)$ 的因式, 从而是 $f(x)$ 与 $g(x)$ 的公因式. 又设 $h(x)$ 是 $f(x)$ 与 $g(x)$ 的任意一个公因式, 由 $r(x) = f(x) - g(x)q(x)$ 知 $h(x) | r(x)$, 又显然有 $h(x) | g(x)$, 从而 $h(x)$ 是 $r(x)$ 与 $g(x)$ 的最大公因式 $d(x)$ 的因式. 根据最大公因式的定义, $d(x)$ 也是 $f(x)$ 与 $g(x)$ 的最大公因式.

于是, 我们得到了 $(f(x), g(x)) = (g(x), r(x))$. 而在上述多项式除法中, $\deg(r(x)) < \deg(g(x))$, 即余式的次数是逐步减小的, 因此我们可以用辗转相除法在有限步内求得 $f(x)$ 与 $g(x)$ 的最大公因式.

用辗转相除法求多项式的最大公因式同样可以用 MATLAB 软件来实现. 在 MATLAB 软件中, 一元多项式用向量来表示. 给定两个表示多项式的向量 f 与 g, [q,r]=deconv(f,g) 可以求出 f 除以 g 的余式 q 和商式 r. 例如,

$$f(x) = 2 - x - 3x^2 + x^3 + x^4, \quad g(x) = 6 - x - 4x^2 - x^3$$

下面的语句求出了 $f(x)$ 除以 $g(x)$ 的商式与余式:

```
[q,r]=deconv([1,1,-3,-1,2],[-1,-4,-1,6])
```

运行该程序得 q=[-1,3], r=[0,0,8,8,-16], 于是商为 $q(x) = 3 - x$, 余式为 $r(x) = -16 + 8x + 8x^2$. 再用 $g(x)$ 去除以 $r(x)$, 发现可以除尽. 于是, $f(x)$ 与 $g(x)$ 的最大公因式为 $r(x) = -16 + 8x + 8x^2$.

练习 15 给出求多项式的最大公因式的程序, 并求出 $f(x) = x^4 + x^2 - 2$ 与 $g(x) = x^3 + x^2 - 2x - 2$ 的最大公因式.

2.4 线性不定方程 $ax + by = (a, b)$

下面我们来求方程

$$ax + by = (a, b) \tag{10.1}$$

的整数解, 其中 a, b 均为整数.

练习 16 随机地取整数 a, b, $1 \leqslant |a|, |b| \leqslant 20$, 用枚举的方法判断方程 (10.1) 是否有解.

由练习 16 的解法, 我们可以发现, 方程 (10.1) 似乎总有解.

为了证明这一点. 我们重新给出求 a, b 的最大公约数的辗转相除法:

$$r_1 = a - bq_1 = a \cdot 1 + b \cdot (-q_1)$$

$$r_2 = b - r_1 q_2 = b - (a - bq_1)q_2 = a(-q_2) + b(1 + q_1 q_2)$$

$$r_3 = r_1 - r_2 q_3 = a(1 + q_2 q_3) + b(-q_1 - q_3(1 + q_1 q_2))$$

$$\cdots\cdots$$

$$0 = r_{k-2} - r_{k-1} q_k$$

由前三行的结论可以发现, 对 $m = 1, 2, 3$, r_m 都具有 $ax + by$ 的形式.

练习 17 用数学归纳法证明, 对任意 $m(m = 1, 2, \cdots, k - 1)$, r_m 都具有 $ax + by$ 的形式.

由于 $r_{k-1} = (a, b)$, 由练习 17 的结论, (a, b) 也具有 $ax + by$ 的形式, 从而方程 (10.1) 有解.

根据上面的方法, 我们可以给出方程 $1397x + 2413y = 127$ 的一个解. 由求出 $(1397, 2413) = 127$ 的过程, 我们有

$$127 = 381 - 254 \times 1$$

$$= 381 - (1016 - 381 \times 2)$$

$$= 381 \times 3 - 1016$$

$$= (1397 - 1016) \times 3 - 1016$$

$$= 1397 \times 3 - 1016 \times 4$$

$$= 1397 \times 3 - (2413 - 1397) \times 4$$

$$= 1397 \times 7 - 2413 \times 4$$

因此, $x = 7, y = -4$ 是方程 $1397x + 2413y = 127$ 的一个解.

练习 18　已知整数 a, b, 给出求解 $ax + by = (a, b)$ 的程序.

根据求 a, b 最大公约数的辗转相除法, 我们可以构造出方程 (10.1) 的整数解, 那么对于多项式 $f(x), g(x)$, 我们用完全类似的方法可以求得多项式 $u(x)$ 及 $v(x)$ 使得下式成立:

$$(f(x), g(x)) = f(x)u(x) + g(x)v(x) \tag{10.2}$$

练习 19　已知多项式 $f(x), g(x)$, 给出求 $u(x)$ 及 $v(x)$ 使得 (10.2) 成立的程序, 并用练习 15 中的例子验证你的程序.

§3　本实验涉及的 MATLAB 软件语句说明

1. `u-1+random('unid',v-u+1)`

整数 u, v 之间的随机整数.

2. `fit(x1,y1,'t/x^2')`

对自变量 x, 因变量 y 的两个列向量 x_1, y_1, 用 $y = \dfrac{t}{x^2}$ 形式的函数进行最小二乘拟合.

3. `[q,r]=deconv(f,g)`

一元多项式 `f` 除以 `g`, 商式为 `q`, 余式为 `r`.

实验十一   不 定 方 程

【实验目的】
(1) 掌握求解不定方程的基本方法;

(2) 研究一次不定方程与二次不定方程.

§1   基 本 理 论

我们知道, 含有未知数的等式 (组) 称为方程 (组). 如果方程的个数小于未知数的个数, 则这种方程 (组) 称为不定方程 (组), 不定方程 (组) 的解可能有无穷多个. 比如 $2x + 3y = 1$ 的解集在坐标平面内是一条直线上的所有点. 这里有一个隐含的假设, 即未知数的取值范围是实数或复数. 研究不定方程时通常将取值范围缩小到有理数、整数或正整数.

由于未知数的取值范围缩小, 不定方程 (组) 的解的情况比较复杂.

$$2x + 3y = 1$$

此方程的整数解有无穷多个 ($x = 3t - 1, y = -2t + 1$, t 为整数).

$$6y^2 = (x+1)(x^2 - x + 6)$$

此方程的整数解为有限个 ($x = -1, 0, 2, 7, 15, 74, 767$).

$$2x + 4y = 1$$

此方程显然无整数解.

$$x^n + y^n = z^n \quad (n \geqslant 3)$$

此即为著名的猜想——Fermat 大定理, 又被称为 "Fermat 最后的定理", 它由 17 世纪法国数学家 Fermat 提出, 现已被证明无正整数解. Fermat 在阅读古希腊数学家丢番图的数论名著《算术》中关于方程 $x^2 + y^2 = z^2$ 的讨论时, 在那一页的空白处写下了一个评注: 一般来说, 无法将一个高于二次的幂分成两个同次幂之和. 同时, 他还写下了 "关于这个结论, 我发现了一个真正奇妙的证明, 但是书上空白太小, 写不下". Fermat 短短的一句话, 却让后来的数学家花了三百多年才证实, 直到在 1995 年, 英国数学家 Andrew Wiles 才宣布证明了 Fermat 大定理. Fermat

大定理的证明过程可谓跌宕起伏, 在曲折中缓慢前进, 直到最终取得成功, 许多数学家如 Euler、Cauchy、Hilbert 等都做出了不可磨灭的贡献.

在本实验中我们来研究几个简单的不定方程:

(1) 一次不定方程;

(2) $a^2 + b^2 = c^2$;

(3) Pell 方程 $x^2 - Dy^2 = \pm 1$.

首先介绍一个预备定理.

定理 11.1 (整数分解唯一性定理)   任一大于 1 的整数能表成素数的乘积, 即对任一整数 $a > 1$, 有

$$a = p_1 p_2 \cdots p_n, \quad p_1 \leqslant p_2 \leqslant \cdots \leqslant p_n$$

其中 $p_1, p_2, \cdots, p_n$ 为素数. 并且若

$$a = q_1 q_2 \cdots q_m, \quad q_1 \leqslant q_2 \leqslant \cdots \leqslant q_m$$

其中 $q_1, q_2, \cdots, q_m$ 为素数, 则 $m = n, q_i = p_i (i = 1, 2, \cdots, n)$.

§2   实验内容与练习

2.1   一次不定方程

形如 $a_1 x_1 + a_2 x_2 + \cdots + a_n x_n = d$ 的不定方程称为一次不定方程, 其中 $a_1, a_2, \cdots, a_n, d$ 是已知的整数, $x_1, x_2, \cdots, x_n$ 是未知数. 我们首先来研究较为简单的二元一次不定方程.

1. 二元一次不定方程

$$ax + by = d \tag{11.1}$$

其中 a, b, c 都是已知的整数.

显然, 若方程 (11.1) 有解, 则有 $(a, b) \mid d$, 其逆命题是否成立呢?

练习 1   实验十中, 已经证明了方程 $ax + by = (a, b)$ 有解, 利用此结论, 证明方程 (11.1) 有解的充要条件是 $(a, b) \mid d$.

在 (11.1) 有解时, 它有多少解呢? 解的一般形式又是什么样的呢?

由练习 1 的结论, 我们只需研究方程

$$ax + by = d \tag{11.2}$$

其中 $(a, b) = 1$.

若 (x_1, y_1) 与 (x_2, y_2) 都是方程 (11.2) 的解, 则有

$$a(x_1 - x_2) = b(y_2 - y_1)$$

由于 $(a, b) = 1$, 根据定理 10.4,

$$a | (y_2 - y_1), \quad b | (x_1 - x_2).$$

设 $y_2 - y_1 = ma$ (m 为整数), 则有

$$x_1 - x_2 = mb$$

于是

$$x_2 = x_1 - mb$$

$$y_2 = y_1 + ma$$

反之, 对于 (11.2) 的任意一个特解 (x_1, y_1) 及任意整数 m, 有

$$a(x_1 - mb) + b(y_1 + ma) = ax_1 + by_1 = d$$

我们由 (11.2) 的一个特解得出了它的通解.

综合前面所得到的结论, 我们可以在 $(a, b) | d$ 的条件下, 由方程 (11.1) 的一个特解写出其通解的一般形式.

练习 2 设 $(a, b) | d$, (x_1, y_1) 是方程 (11.1) 的一个特解, 写出其通解的表达式, 并给出方程 $54x - 24y = 36$ 的通解.

2. 多元一次不定方程

下面我们将方程 (11.1) 增加一个变量, 即求解下面方程的整数解:

$$ax + by + cz = d \tag{11.3}$$

类似于方程 (11.1), 我们可以得出结论: 若 (11.3) 有解, 则 $(a, b, c) | d$. 在这一条件之下, 我们可将 (11.3) 的两端同时除以 (a, b, c), 从而研究下面的方程:

$$ax + by + cz = d, \quad (a, b, c) = 1 \tag{11.4}$$

我们先来研究一个具体的方程:

$$6x - 10y + 15z = 1 \tag{11.5}$$

由于 $(6, -10) = 2$, 对于任意整数 w, $6x - 10y = 2w$ 有解.

我们先求解方程 $2w + 15z = 1$, 得一特解 $w_0 = -7, z_0 = 1$.

对方程 $6x - 10y = -14$, 我们可以求出一个特解 $x_0 = 1, y_0 = 2$. 于是 $x_0 = 1$, $y_0 = 2, z_0 = 1$ 就是方程 (11.5) 的一个特解.

对于方程 (11.4), 设 $(a, b) = r$, 则 $(r, c) = 1$.

由于 $(a, b) = r$, 我们知道, 对于任意整数 w, 关于 x, y 的方程 $ax + by = rw$ 有解.

我们可以先求出方程 $rw + cz = d$ 的一个特解 $w = w_0, z = z_0$, 再求解方程 $ax + by = rw_0$, 得 $x = x_0, y = y_0$, 从而可得到原方程的一个解

$$x = x_0, \quad y = y_0, \quad z = z_0$$

练习 3　编程求方程 (11.3) 的一个特解, 并分别用如下方程验证你的程序：

$$3x + 9y - 18z = 2, \quad 3x + 9y - 18z = 3$$

那么, 若方程 (11.3) 有解, 其通解又是什么样的呢? 我们还是只研究方程 (11.4). 先考虑方程 (11.5), 方程 $2w + 15z = 1$ 的通解为

$$w = -7 + 15m, \quad z = 1 - 2m$$

方程 $6x - 10y = 2w$ 成为方程

$$6x - 10y = 2(-7 + 15m) \tag{11.6}$$

由方程 $6x - 10y = 2$ 的一个特解 $x = 2, y = 1$ 可得方程 (11.6) 的一个特解

$$\begin{cases} x = 2(-7 + 15m), \\ y = -7 + 15m \end{cases}$$

从而方程 (11.6) 的通解为

$$\begin{cases} x = 2(-7 + 15m) + 5t, \\ y = -7 + 15m + 3t \end{cases}$$

因此, 我们得到方程 (11.4) 的通解为

$$\begin{cases} x = -14 + 30m + 5t, \\ y = -7 + 15m + 3t, \\ z = 1 - 2m \end{cases}$$

练习 4　给出方程 $3x + 9y - 18z = 3$ 的通解.

练习 5 研究一般的 n 元线性不定方程 $a_1x_1 + a_2x_2 + \cdots + a_nx_n = d$, 其中 $a_1, a_2, \cdots, a_n, d$ 为整数. 给出其有解的充要条件. 在有解的情况下, 给出通解的一般形式.

2.2 勾股数

对一个直角三角形, 其三条边 a, b, c 满足勾股定理

$$a^2 + b^2 = c^2 \tag{11.7}$$

中国古代称直角三角形中较短的直角边为勾, 较长的直角边为股, 斜边为弦, 所以称这个定理为勾股定理. 中国西周的数学家商高给出了勾三股四弦五的特例, 所以勾股定理也称商高定理. 在西方, 这一定理称为毕达哥拉斯定理.

如果 a, b, c 满足 (11.6) 且均为正整数, 我们称其为勾股数. 显然 $\{3, 4, 5\}$ 是一组勾股数, $\{5, 12, 13\}, \{8, 15, 17\}$ 也是勾股数. 它们的倍数 $\{3k, 4k, 5k\}, \{5k, 12k, 13k\}, \{8k, 15k, 17k\}$ (k 是正整数) 当然也是勾股数.

练习 6 在 $c \leqslant 100$ 时, 求出所有的勾股数 $\{a, b, c\}$.

由练习 6 的解答, 我们发现勾股数是相当多的. 那么, 勾股数有什么规律, 能否用一个通式表示所有的勾股数呢?

在勾股数中, 有一些像 $\{3, 4, 5\}, \{5, 12, 13\}$ 一样, 斜边与一条直角边为连续整数, 即满足 $c - b = 1$, 我们可以在一定范围内找出所有的满足 $c - b = 1$ 的勾股数. 下面用 MATLAB 程序来求 $c \leqslant 200$ 且 $c - b = 1$ 的所有勾股数:

```
for b=1:199
    a=sqrt((b+1)^2-b^2);
    if(a==floor(a))
        fprintf('a=%i,b=%i,c=%i\n',a,b,b+1)
    end
end
```

表 11.1 给出了程序的结果.

表 11.1 勾股数 ($c \leqslant 200, c - b = 1$)

a	3	5	7	9	11	13	15	17	19
b	4	12	24	40	60	84	112	144	180
c	5	13	25	41	61	85	113	145	181

由表 11.1, 我们可以发现, 如果奇数 $a \geqslant 3$, 则存在一组勾股数 $\{a, b, c\}$, 且 $c - b = 1$. 设 $a = 2u + 1$, 有

$$(2u+1)^2 + b^2 = (b+1)^2$$

即

$$b = 2u^2 + 2u$$

我们得到了下列形式的勾股数:

$$\{a, b, c\} = \{2u + 1, 2u^2 + 2u, 2u^2 + 2u + 1\} \tag{11.8}$$

练习 7　求满足 $c - b = 1$, $c \leqslant 1000$ 的所有勾股数, 判断它们是否满足 (11.8) 式.

练习 8　证明: 若勾股数 $\{a, b, c\}$ 满足 $c - b = 1$, 则它们可写成 (11.8) 式的形式.

对于 $c - b = 2$, 结果又如何呢?

练习 9　求满足 $c - b = 2$, $c \leqslant 1000$ 的所有勾股数, 能否类似于 (11.8), 把它们用一个公式表示出来?

下面我们来求满足 $c - b = 3$, $c \leqslant 500$ 的勾股数. 结果如表 11.2.

表 11.2　勾股数 ($c \leqslant 500$, $c - b = 3$)

a	9	15	21	27	33	39	45	51
b	12	36	72	120	180	252	336	432
c	15	39	75	123	183	255	339	435

可以发现, 表 11.2 中所有的数都是 3 的倍数, 将 3 全部约去得到表 11.3.

表 11.3　约简后的勾股数 ($c \leqslant 500$, $c - b = 3$)

$a/3$	3	5	7	9	11	13	15	17
$b/3$	4	12	24	40	60	84	112	144
$c/3$	5	13	25	41	61	85	113	145

我们将表 11.3 与表 11.1 对比一下, 可以发现两者的数据完全一样. 根据表达式 (11.8), 我们可以猜想 $a^2 + b^2 = c^2$, $c - b = 3$ 的解可写为

$$\{a, b, c\} = \{3(2u + 1), 3(2u^2 + 2u), 3(2u^2 + 2u + 1)\} \tag{11.9}$$

为什么会有上述结果呢? 我们可以来推导一下.

由 $a^2 + b^2 = (b + 3)^2$, 有

$$a^2 = 6b + 9 \tag{11.10}$$

显然 $3 | (6b + 9), 3 | a^2$, 从而 a 是 3 的倍数. 设 $a = 3a_1$, 代入 (11.10) 得到

$$9a_1^2 = 6b + 9$$

$$3(a_1^2 - 1) = 2b$$

所以 $3|b$, 再设 $b = 3b_1$, 有 $c = 3b_1 + 3$, 从而

$$a_1^2 + b_1^2 = (b_1 + 1)^2$$

令 $c_1 = b_1 + 1$, 则 $\{a_1, b_1, c_1\}$ 是勾股数, 且 $c_1 - b_1 = 1$, 由练习 8 中的结论, 存在 u, 使得

$$a_1 = 2u + 1, \quad b_1 = 2u^2 + 2u, \quad c_1 = 2u^2 + 2u + 1$$

从而 (11.9) 式成立.

练习 10 将练习 9 中 $c - b = 2$ 改为 $c - b = 4, 5, 6, 7$, 分别找出所有的勾股数. 将它们与 $c - b = 1, 2$ 时的结果进行比较, 然后用公式表达其结果, 并给出证明.

对于一组勾股数 $\{a, b, c\}$, 显然 $\{ka, kb, kc\}$ 也是一组勾股数. 我们称满足 $(a, b, c) = 1$ 的勾股数为本原勾股数, 其中 (a, b, c) 表示 a, b, c 的最大公约数. 例如 $\{3, 4, 5\}$, $\{5, 12, 13\}$ 是本原勾股数, 而 $\{6, 8, 10\}$ 不是本原勾股数.

练习 11 在 $c \leqslant 2000$ 时, 分别求出 $c - b = k(k = 1, 2, \cdots, 10)$ 情况下的本原勾股数.

可以发现, 若 $c - b = k$, 并不是对每个 k 都存在本原勾股数.

练习 12 对 $c \leqslant 1000$, $c - b = k(k \leqslant 200)$, 对哪些 k 存在本原勾股数?

我们从理论上来看看对哪些 k 存在本原勾股数.

由 $a^2 + b^2 = c^2$, $c - b = k$, 可得 $k(c + b) = a^2$, 由整数分解唯一性定理 (定理 11.1), 可将 k 写成如下形式

$$k = p_1 p_2 \cdots p_l q^2 \tag{11.11}$$

其中 $p_1, p_2, \cdots, p_l$(若 k 为完全平方数, 则 $l = 0$; 否则 $l \geqslant 1$) 均为素数且各不相同.

若 $k \geqslant 1$, 由 $a^2 = p_1 p_2 \cdots p_l q^2(c+b)$, 易证 $p_1 p_2 \cdots p_l q | a$. 令 $r = \dfrac{a}{p_1 p_2 \cdots p_l q}$, 可以得到

$$c + b = p_1 p_2 \cdots p_l r^2 \tag{11.12}$$

由 (11.11) 及 (11.12) 式可得

$$2c = p_1 p_2 \cdots p_l(q^2 + r^2)$$

所以 $p_i | 2c$ $(i = 1, 2, \cdots, l)$, 又由于 $p_i | a^2$, 所以 $p_i | a$, 从而 $p_i | (2c, a)$, 而 $(2c, a) | (2c, 2a)$, $(2c, 2a) = 2(c, a) = 2$, 从而 $p_i | 2$.

所以若 $l \geqslant 1$, 则有 $l = 1$, 且 $p_1 = 2$, 此时 $c - b = 2q^2$; 若 $l = 0$, 显然有 $c - b = q^2$.

因此, 若 $\{a, b, c\}$ 为本原勾股数, 则有 $c - b$ 为完全平方数或完全平方数的两倍. 其逆命题是否成立? 有兴趣的读者可继续研究.

练习 13　对于练习 11 中存在本原勾股数的 k, 具体求出在 $c \leqslant 1000, c - b = k$ 时的所有勾股数, 并分别给出其公式表示.

若 $c - b = q^2$, 则 $c + b = \left(\dfrac{a}{q}\right)^2 = p^2$, 因此

$$c = \frac{p^2 + q^2}{2}, \quad b = \frac{p^2 - q^2}{2}$$

显然 p, q 同为奇数或同为偶数, 可设 $m = \dfrac{p + q}{2}, n = \dfrac{p - q}{2}$. 于是

$$c = m^2 + n^2, \quad b = m^2 - n^2, \quad a = 2mn$$

练习 14　若 $c - b = 2q^2$, 给出本原勾股数的表达式.

有了以上的这些工作, 我们就可以给出勾股数的一般表达式了.

练习 15　给出勾股数的一般表达式, 并给出证明.

2.3　Pell 方程

$x^2 - Dy^2 = \pm 1$ (其中 D 是正整数) 称为 Pell 方程. 求 Pell 方程的整数解是不定方程理论中的一个重要内容.

练习 16　编程分别求出下列不定方程的正整数解 (在 $y \leqslant 10000, s \leqslant 10000, q \leqslant 10000$ 范围内):

$$x^2 - 2y^2 = 1 \tag{11.13}$$

$$r^2 - 2s^2 = -1 \tag{11.14}$$

$$p^2 - 3q^2 = 1 \tag{11.15}$$

通过求解可以发现, 不定方程 (11.13), (11.14), (11.15) 有许多正整数解. 设方程 (11.13), (11.14) 的解构成数列 $\{x_n\}, \{y_n\}, \{r_n\}, \{s_n\}$, 表 11.4 与表 11.5 给出了这两个方程的前几个解.

表 11.4　方程 $x^2 - 2y^2 = 1$ 的解

n	1	2	3	4
x_n	3	17	99	577
y_n	2	12	70	408
$x_n + y_n$	5	29	169	985
$x_n - y_n$	1	5	29	169

表 11.5 方程 $r^2 - 2s^2 = -1$ 的解

n	1	2	3	4
r_n	1	7	41	239
s_n	1	5	29	169
$r_n + s_n$	2	12	70	408
$r_n - s_n$	0	2	12	70

这些解之间有什么关系呢? 仔细观察表 11.4 与表 11.5 中的数据, 似乎有

$$x_n - y_n = x_{n-1} + y_{n-1} = s_n \tag{11.16}$$

$$r_n - s_n = r_{n-1} + s_{n-1} = y_{n-1} \tag{11.17}$$

练习 17 根据求解练习 16 所得到的解, 继续观察数列 $\{x_n\}$, $\{y_n\}$, $\{r_n\}$, $\{s_n\}$, $\{x_n + y_n\}$, $\{x_n - y_n\}$, $\{r_n + s_n\}$, $\{r_n - s_n\}$, (11.16), (11.17) 两式是否成立?

如果 (11.16), (11.17) 两式确实成立, 则有

$$r_n = s_n + y_{n-1} = x_{n-1} + 2y_{n-1}$$

所以

$$
\begin{aligned}
y_n &= r_n + s_n \\
&= x_{n-1} + 2y_{n-1} + x_{n-1} + y_{n-1} \\
&= 2x_{n-1} + 3y_{n-1} \\
x_n &= y_n + x_{n-1} + y_{n-1} \\
&= 3x_{n-1} + 4y_{n-1}
\end{aligned}
$$

因此有以下结论:

$$\begin{cases} x_n = 3x_{n-1} + 4y_{n-1}, \\ y_n = 2x_{n-1} + 3y_{n-1} \end{cases} \tag{11.18}$$

(11.18) 可以看成一个线性映射, 令

$$X_n = (x_n, y_n)^{\mathrm{T}}, \quad A = \begin{pmatrix} 3 & 4 \\ 2 & 3 \end{pmatrix}$$

(11.18) 可写成

$$X_n = AX_{n-1} \tag{11.19}$$

练习 18 给出关于 r_n, s_n 的类似于 (11.18) 的递推关系式.

练习 19 用练习 16 所得数据验证 (11.18) 及练习 18 中得出的关系式.

练习 20 设方程 (11.15) 的解构成数列 $\{p_n\}, \{q_n\}$, 观察数列 $\{p_n\}, \{q_n\}$, $\{p_n + q_n\}, \{p_n + 2q_n\}, \{p_n - q_n\}$. 你能得到哪些等式? 试根据这些等式推导出关于 p_n, q_n 的递推关系式.

根据 (11.18) 式, 我们可以求出 x_n, y_n 的一般表达式. 对于矩阵 A, 我们可以求得非奇异矩阵 P 及对角矩阵 D, 使得 $A = PDP^{-1}$, 其中

$$
P = \begin{pmatrix} \sqrt{2} & \sqrt{2} \\ 1 & -1 \end{pmatrix}, \quad D = \begin{pmatrix} 3+2\sqrt{2} & 0 \\ 0 & 3-2\sqrt{2} \end{pmatrix}, \quad P^{-1} = \begin{pmatrix} \dfrac{\sqrt{2}}{4} & \dfrac{1}{2} \\[2mm] \dfrac{\sqrt{2}}{4} & -\dfrac{1}{2} \end{pmatrix}
$$

因此

$$
A^m = PD^mP^{-1} = \begin{pmatrix} \sqrt{2} & \sqrt{2} \\ 1 & -1 \end{pmatrix} \begin{pmatrix} (3+2\sqrt{2})^m & 0 \\ 0 & (3-2\sqrt{2})^m \end{pmatrix} \begin{pmatrix} \dfrac{\sqrt{2}}{4} & \dfrac{1}{2} \\[2mm] \dfrac{\sqrt{2}}{4} & -\dfrac{1}{2} \end{pmatrix}
$$

$$
= \begin{pmatrix} \dfrac{(3+2\sqrt{2})^m + (3-2\sqrt{2})^m}{2} & \dfrac{(3+2\sqrt{2})^m - (3-2\sqrt{2})^m}{\sqrt{2}} \\[4mm] \dfrac{(3+2\sqrt{2})^m - (3-2\sqrt{2})^m}{2\sqrt{2}} & \dfrac{(3+2\sqrt{2})^m + (3-2\sqrt{2})^m}{2} \end{pmatrix}
$$

由上式,

$$
X_n = A^{n-1}X_1
$$

$$
= \begin{pmatrix} \dfrac{(3+2\sqrt{2})^{n-1} + (3-2\sqrt{2})^{n-1}}{2} & \dfrac{(3+2\sqrt{2})^{n-1} - (3-2\sqrt{2})^{n-1}}{\sqrt{2}} \\[4mm] \dfrac{(3+2\sqrt{2})^{n-1} - (3-2\sqrt{2})^{n-1}}{2\sqrt{2}} & \dfrac{(3+2\sqrt{2})^{n-1} + (3-2\sqrt{2})^{n-1}}{2} \end{pmatrix} \begin{pmatrix} 3 \\ 2 \end{pmatrix}
$$

$$
= \begin{pmatrix} \dfrac{(3+2\sqrt{2})^n + (3-2\sqrt{2})^n}{2} \\[4mm] \dfrac{(3+2\sqrt{2})^n - (3-2\sqrt{2})^n}{2\sqrt{2}} \end{pmatrix}
$$

从而有

$$
\begin{cases}
x_n = \dfrac{(3+2\sqrt{2})^n + (3-2\sqrt{2})^n}{2}, \\[3mm]
y_n = \dfrac{(3+2\sqrt{2})^n - (3-2\sqrt{2})^n}{2\sqrt{2}}
\end{cases}
$$

练习 21 求出 r_n, s_n 及 p_n, q_n 的一般表达式.

上面我们求出了方程 (11.13) 的解的一般表达式, 但是其表达式相当复杂. 有没有简单的方法给出方程的解呢?

对方程 (11.13), 我们来考察 $(x_1 + y_1\sqrt{2})^n = (3+2\sqrt{2})^n$ 的展开式.

在 MATLAB 软件中, 可用

```
s=sym('3+2*sqrt(2)');
for i=1:4
    expand(s^i)
end
```

来显示 $(3+2\sqrt{2})^n$ 的前 4 项. 其结果为

$$
3+2\sqrt{2}, \quad 17+12\sqrt{2}, \quad 99+70\sqrt{2}, \quad 577+408\sqrt{2}
$$

可以看出, 前 4 项恰为 $x_n + y_n\sqrt{2}(n=1,2,3,4)$. 我们可以猜想, 若 (x_n, y_n) 是方程 (11.13) 的第 n 组正整数解, 则有 $x_n + y_n\sqrt{2} = (3+2\sqrt{2})^n$. 下面我们来证明这一猜想.

定理 11.2 设 (x_n, y_n) 是方程 (11.13) 的第 n 组整数解, 则有

$$
x_n + y_n\sqrt{2} = (3+2\sqrt{2})^n
$$

证明 将 $(3+2\sqrt{2})^n$ 展开, 令 $(3+2\sqrt{2})^n = a_n + b_n\sqrt{2}$, 容易证明此时有 $(3-2\sqrt{2})^n = a_n - b_n\sqrt{2}$. 从而

$$
(a_n + b_n\sqrt{2})(a_n - b_n\sqrt{2}) = (3+2\sqrt{2})^n(3-2\sqrt{2})^n = 1
$$

于是 $a_n^2 - 2b_n^2 = 1$, 即 a_n, b_n 是方程 (11.13) 的解.

反之, 设 (x, y) 是方程 (11.13) 的正整数解, 若 $x + y\sqrt{2}$ 不能写成 $(3+2\sqrt{2})^n$ 的形式, 则存在 n, 使得

$$
(3+2\sqrt{2})^n < x + y\sqrt{2} < (3+2\sqrt{2})^{n+1} \tag{11.20}
$$

不等式 (11.20) 乘以 $(3 - 2\sqrt{2})^n$ 得

$$1 < (x + y\sqrt{2})(3 - 2\sqrt{2})^n < 3 + 2\sqrt{2} \tag{11.21}$$

设 $(x + y\sqrt{2})(3 - 2\sqrt{2})^n = u + v\sqrt{2}$ (u, v 为整数), 则有

$$(x - y\sqrt{2})(3 + 2\sqrt{2})^n = u - v\sqrt{2}$$

因此

$$\begin{aligned}
u^2 - 2v^2 &= (u + v\sqrt{2})(u - v\sqrt{2}) \\
&= (x + y\sqrt{2})(x - y\sqrt{2})(3 + 2\sqrt{2})^n(3 - 2\sqrt{2})^n \\
&= x^2 - 2y^2 \\
&= 1
\end{aligned}$$

由 (11.21) 式可得

$$u + v\sqrt{2} > 1$$
$$0 < u - v\sqrt{2} = \frac{1}{u + v\sqrt{2}} < 1$$

所以

$$u = \frac{(u + v\sqrt{2}) + (u - v\sqrt{2})}{2} > 0$$
$$v = \frac{(u + v\sqrt{2}) - (u - v\sqrt{2})}{2\sqrt{2}} > 0$$

从而 (u, v) 是方程 (11.13) 的正整数解, 这与 $1 < u + v\sqrt{2} < 3 + 2\sqrt{2}$ 矛盾. 因此 $x + y\sqrt{2}$ 一定具有 $(3 + 2\sqrt{2})^n$ 的形式, 定理证完.

练习 22 展开 $(3 + 2\sqrt{2})^n (n = 5, 6, \cdots)$, 验证上述定理.

练习 23 展开 $(r_1 + s_1\sqrt{2})^n (n = 1, 2, \cdots)$, 观察其结果与方程 (11.13) 的解之间的关系, 能得出什么结论?

练习 24 将方程 (11.14), (11.15) 的正整数解用类似于上述定理中的形式表达出来, 并给出证明.

前面有些结论是建立在 (11.16) 与 (11.17) 式基础上的, 由定理 11.1 及练习 23 的结果, 我们可以进一步给出 (11.16) 与 (11.17) 式的证明. 详细过程请有兴趣的读者继续研究.

§3 本实验涉及的 MATLAB 软件语句说明

1. a==floor(a)

floor(a) 表示不超过 a 的最大整数. a==floor(a) 用来判断 a 是否为整数.

2. ```
   s=sym('3+2*sqrt(2)');
   for i=1:4
       expand(s^i)
   end
   ```

展开 $(3+2\sqrt{2})^i$, 展开时, $\sqrt{2}$ 看作一个变量.
   ```

实验十二　计算机随机模拟与基因遗传问题

【实验目的】

(1) 学会用计算机模拟方法来解决随机性问题;

(2) 用计算机模拟方法研究基因遗传问题.

§1　背　景　介　绍

　　计算机模拟就是用计算机来模仿真实系统的运行, 对其进行分析、计算, 了解系统的各种特性, 从而进行判断与决策.

　　计算机模拟具有直观性强、简便易行的特点. 对于那些具有随机性的复杂问题, 由于变量间错综复杂的内外联系, 问题很难用适当的数学形式来表达. 此时计算机模拟可能是获得问题答案的好方法. 随着计算机技术的不断发展及模拟软件的不断完善, 计算机模拟方法在自然科学、社会科学及管理科学中越来越受到重视. 在本实验中, 主要是对随机现象进行模拟.

　　遗传问题是生物学中的一个重要课题. 遗传问题之所以重要, 主要有以下三个方面的原因. 第一, 遗传学描述了生物进化的基本机制, 如有害昆虫种群会逐渐地对杀虫剂产生抗体, 使药剂的效力降低. 第二, 种群数量遗传原理的应用具有特殊的重要性, 在改进农作物和畜牧育种方面有许多成功的例子. 第三, 在人类这一由不同种族构成的群体中, 遗传学知识可指导人们去认识遗传疾病, 提高人口素质. 在本实验中, 将重点研究基因遗传方面的一些随机性问题.

§2　实验内容与练习

2.1　随机数的产生

　　要进行随机模拟, 一个重要的过程是产生随机数. 用 MATLAB 软件可以很方便地产生随机数. 我们已经介绍了产生均匀分布随机数的命令, 下面介绍如何用 MATLAB 软件产生非均匀分布随机数.

1. 连续分布随机数的产生

　　给定了一个连续分布随机变量之后, 可以通过程序给出这个随机变量的随机数. 这些程序一般比较复杂. 在 MATLAB 中, 常用的连续分布函数已经写入程序库中, 可以直接调用. 在本实验 §3 中, 介绍了 MATLAB 中常用的连续分布函数.

用 MATLAB 软件产生连续分布随机数的一般命令为

$$\text{random(name,A,B,...,m,n,...)}$$

其中, name 表示随机分布的名称, A, B 等表示随机分布的参数, 而 m, n 等表示生成的数组的维数. 若不写 m, n, 则只生成一个随机数.

比如:random('Normal',0,1,2,4) 给出了标准正态分布的 2 行 4 列的矩阵.

练习 1　产生 Γ 分布 $G(3.2,2)$ 的 100 个随机数 (命令参见 §3).

2. 离散分布随机数的产生

在 MATLAB 中产生离散分布的随机数可以用两种方法.

方法一: 由于离散分布在形式上较为简单, 可以直接编写程序产生随机数.

如果知道离散随机变量 ξ 的概率分布: $P\{\xi = x_k\} = p_k(k = 1, 2, \cdots)$, 产生随机变量 ξ 的随机数时可简单地按如下算法:

(1) 将区间 $[0,1]$ 依次分为长度为 $p_1, p_2, \cdots$ 的小区间 $I_1, I_2, \cdots$.

(2) 产生 $[0,1]$ 上的均匀分布随机数 R. 若 $R \in I_k$, 则令 $\xi = x_k$. 重复 (2), 即得离散随机变量 ξ 的随机数序列.

下面介绍一个用方法一产生离散分布随机数的例子.

例 1　表 12.1 给出了离散分布 ξ 的概率分布表, 试产生 100 个随机数.

表 12.1　ξ 的概率分布表

x_k	1	3	5	7	9
p_k	0.5	0.05	0.2	0.05	0.2

解　将 $[0,1]$ 分为 5 个区间:

$I_1 = [0, 0.5)$, $I_2 = [0.5, 0.55)$, $I_3 = [0.55, 0.75)$, $I_4 = [0.75, 0.80)$, $I_5 = [0.80, 1.00]$.

产生 100 个 $U(0,1)$ 随机数 r_i, 若 $r_i \in I_k$, 令 $\xi_i = x_k$.

上述产生随机数的过程可用 MATLAB 软件来实现, 程序如下:

```
n=100; %模拟次数
s=[]; %数组s存放产生的随机数
a=zeros(1,6); %数组a存放区间的端点
b=zeros(1,5); %b(k)最终表示取值为x(k)的随机数的个数
x=[1,3,5,7,9];
p=[0.5,0.05,0.2,0.05,0.2];
for k=2:6
    a(k)=a(k-1)+p(k-1);
```

```
end
a
for i=1:n
    k=1;
    r=rand;
    while r>a(k)
        k=k+1;
    end
    s(i)=x(k-1);
    b(k-1)=b(k-1)+1;
end
s
b
```

方法二：产生离散分布的随机数的另一种方法与产生连续分布的方法是完全一样的.

例如：t=random('Binomial',20,0.1,1,10).

产生 $n = 20, p = 0.1$ 二项分布的随机数构成的矩阵, 下面是一次模拟时得到的结果:

$$2 \quad 0 \quad 2 \quad 4 \quad 1 \quad 1 \quad 2 \quad 0 \quad 1 \quad 4$$

练习 2　用两种方法给出 100 个二项分布 $b(k; 30, 0.1)$ 的随机数.

2.2　随机模拟

许多随机性问题可以用一般的概率统计的方法来解决. 此时, 计算机模拟方法可以用来检验用理论上的数学方法所得出的结论.

问题 1　某小贩每天以 1 元/束的价格购进一种鲜花, 卖出价为 b 元/束, 当天卖不出去的花全部损失. 顾客一天内对花的需求量 X 是随机变量, 服从 Poisson 分布:

$$P\{X = k\} = \mathrm{e}^{-\lambda} \cdot \frac{\lambda^k}{k!}, \quad k = 0, 1, 2, \cdots \tag{12.1}$$

其中常数 λ 由多日销售量的平均值来估计. 问小贩每天应购进多少束鲜花?

这是一个随机决策问题, 要确定每天应购进的鲜花数量, 使得小贩的期望收入最高.

设小贩每天购进 u 束鲜花, 选取一个 u 也称为给出一个决策.

如果这天需求量 $X \leqslant u$, 则其收入为

$$bX - u$$

如果需求量 $X > u$, 则其收入为

$$bu - u$$

小贩一天的期望收入为

$$S(u) = -u + \sum_{k=0}^{u} bk \cdot \mathrm{e}^{-\lambda} \cdot \frac{\lambda^k}{k!} + \sum_{k=u+1}^{+\infty} bu \cdot \mathrm{e}^{-\lambda} \cdot \frac{\lambda^k}{k!}$$

$$= -u + \sum_{k=0}^{u} bk \cdot \mathrm{e}^{-\lambda} \cdot \frac{\lambda^k}{k!} + bu \cdot \left(1 - \sum_{k=0}^{u} \cdot \mathrm{e}^{-\lambda} \cdot \frac{\lambda^k}{k!} \right) \qquad (12.2)$$

因此, 问题 1 归结为在 b, λ 已知时, 求 u 使 $S(u)$ 最大.

在给定 b 与 λ 的值后, 可画出 $S(u)$ 的函数图形. 图 12.1 给出了 $\lambda = 50$, $b = 1.25$ 时 $S(u)$ 的散点图.

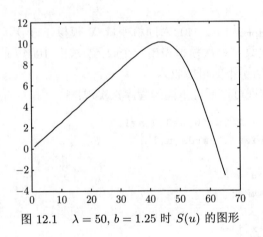

图 12.1 $\lambda = 50$, $b = 1.25$ 时 $S(u)$ 的图形

从图 12.1 可以看出, $S(u)$ 先单调上升, 在 $u = 44$ 时达到最大值, 然后单调下降.

练习 3   选取其他的 b 与 λ, 画出 $S(u)$ 的图形, 观察 $S(u)$ 的单调性.

通过观察函数的图形, 似乎可以得到问题的最优解. 但这样得到最优解并不严格.

对所有的 b, λ, $S(u)$ 都具有类似于上面的单调性吗? 我们可以通过研究函数

$$\Delta S(u) = S(u+1) - S(u)$$

的取值情况来判断.

$$\Delta S(u) = S(u+1) - S(u)$$

$$= -1 + be^{-\lambda} \sum_{k=u+1}^{+\infty} \frac{\lambda^k}{k!}$$

$$= -1 + b \cdot e^{-\lambda} \left(1 - \sum_{k=1}^{u} \frac{\lambda^k}{k!} \right) \tag{12.3}$$

练习 4　根据 (12.3) 式, 画出 $b = 1.25, \lambda = 50$ 时 $\Delta S(u)$ 的图形, 观察 $\Delta S(u)$ 的取值情况.

练习 5　对一般的 b, λ, 根据 (12.3) 式研究 u 满足什么条件时, $\Delta S(u)$ 分别取正值或负值, 进而判断 $S(u)$ 的单调性.

练习 6　根据练习 5, 给出 u 是问题 1 的最优解所满足的条件.

练习 7　在 $b = 1.25, \lambda = 50$ 时根据练习 6 的结论给出最优决策 u^*.

在 $b = 1.25, \lambda = 50$ 时, 为了检验上面所给出的结论, 下面用计算机模拟方法来求出最优决策 u^*.

对于固定的 u, 比如 $u = 40$, 对随机变量 X 模拟 100 次 (为使结果更为可靠, 可以加大模拟的次数), 每次模拟得出一个收入, 求出 100 个收入的平均值, 即得出在决策 $u = 40$ 情况下的可能收入.

上面的模拟过程可以通过下面的程序来实现:

```
lambda=50;b=1.25;u=40;s=0.0;n=100;
x=random('poiss',lambda,n,1);
for i=1:n
    if x(i)>u
        s1=b*u-u;
    else
        s1=b*x(i)-u;
    end
    s=s+s1;
end
s=s/n
```

若要求出最优决策, 可以对可能的 $u(u = 1, 2, 3, \cdots)$ 都用模拟的方法求出其相应的收入, 从中选出收入最大时的 u 即可.

练习 8　在 $b = 1.25, \lambda = 50$ 时, 用模拟方法求出最优决策, 并与练习 7 的结论相比较.

练习 9　对 $b = 1.1, 1.2, \cdots, 2.0, \lambda = 10, 20, \cdots, 200$, 分别给出最优决策 u^* 的值, 是否能给出一个简单的式子, 在 b, λ 已知的情况下方便地得出最优决策 u^*?

练习 10　用模拟的方法研究, 对于最优决策 u^*, 在什么条件下有 $u^* \leqslant \lambda$?

有一些随机性问题, 用一般的数学方法去解决相当复杂. 下面的秘书问题是最优停止理论中的一个典型问题. 关于这个问题, 已经有比较全面的数学理论. 我们用计算机模拟方法来研究这一问题.

问题 2 设想一个经理要从 N 个应聘者中雇用一名秘书. 按照某种标准, 可用 $1, 2, \cdots, N$ 分别表示这些应聘者的优劣的绝对名次. 1 表示最优者, N 表示最劣者. 假设这些应聘者是逐个到来接受经理面试的, 并且应聘者到来的优劣次序是随机的. 经理每次会见一名应聘者, 面试后决定录用与否. 如果录用到当时面试的应聘者, 则停止下面的会见, 否则面试下一位. 我们还假定, 每个当时不被录用的应聘者是不能事后再召回录用的, 在经理每一次面试后, 他只知道当时的应聘者与先前已面试者比较的相对名次, 而不知道当时应聘者的绝对名次. 现在问经理要怎样决定他的录用策略, 或者说经理在何时停止他的会见 (录用当时的应聘者) 是最优的. 当然这里最优要有一个标准, 通常采用下面两种标准:

(1) 第一标准, 使录用到最优应聘者的概率最大;

(2) 第二标准, 使录用的应聘者的绝对名次尽量小.

在这两个标准下, 这一问题的难度是截然不同的, 下面分别加以讨论.

1. 第一标准下录用策略的研究

我们用 $y_i(i = 1, 2, \cdots, N)$ 表示第 i 个应聘者的绝对名次. 设经理录用的是第 k 个应聘者, 为了要录用到最好的应聘者, 显然应有 $y_k = \min\limits_{1 \leqslant i \leqslant k} y_i$, 即有如下的录用准则: 录用到的应聘者必须是已面试者中相对名次第一.

显然, 仅有此准则是不够的. 比如, 面试第一人时, 此人的相对名次是第一, 但是此时录用到第一名的概率仅为 $\dfrac{1}{N}$, 此概率很小, 不能采用.

在面试过程中, 可能会遇到多个相对第一, 越往后的第一越可靠. 但是我们不可能无限制地往后等待, 因为一旦第一名已经面试过而未录用, 则再也无法录用到相对第一. 因此, 此问题的关键就是: 确定一个数 G, 先面试 G 个应聘者, 这 G 个人仅用来作为参考标准, 在这 G 个人之后, 一旦有比他们名次均高者就予以录用.

下面用计算机模拟的方法来确定 G 的值, 使得此时录用到第一名的概率最大.

对于固定的 N, 首先给出 1 到 N 的随机排列 $y_1, y_2, \cdots, y_N$ 作为 N 个应聘者的绝对名次. 在 MATLAB 中用 `randperm(n)` 语句给出 1 到 n 的随机排列.

然后即可对给定的 G 模拟出录用到第一名的概率, 算法如下:

第 1 步, 取前 G 个数作为参考数, 令 $y = \min\limits_{1 \leqslant i \leqslant G} y_i$;

第 2 步, 若 $y = 1$, 则录用失败, 否则转下一步;

第 3 步, 从第 $G+1$ 个数开始, 一旦有某个应聘者的绝对名次 $y_i < y$(第 i 个应聘者被录用), 则判断 y_i 是否等于 1. 若是, 则表示录用成功; 若不是, 则录用失败.

按上述算法模拟足够 T 次 (T 要足够大), 记录成功的次数 T_s, 则成功的概率为 $\dfrac{T_s}{T}$.

练习 11　对于 $N = 100$, 分别对不同的 $G(G = 1, 2, \cdots 100)$ 做模拟, 求出成功的概率. 然后找出最优的 G 值, 并求出此时录用到第一名的概率.

练习 12　分别给出 $N = 50, 100, 200, 300, 400$ 时最优的 G 值 (最优的 G 值记为 $G^*(N)$) 及相应的成功概率. 观察 N 趋向于无穷大时, $\dfrac{G^*(N)}{N}$ 的值以及成功概率有无极限.

2. 第二标准下录用策略的研究

在第二标准下录用策略的确定比在第一标准下要困难得多. 我们先对 $N = 5$ 的情形加以讨论.

如果按照某种录用策略, 前 4 个应聘者都未被录用, 那么必须招聘第 5 个应聘者. 该应聘者的绝对名次的期望值为

$$(1 + 5)/2 = 3$$

因此, 若前三位应聘者均未被录用, 经理在面试第 4 个应聘者时, 如果发现他的绝对名次的期望值不大于 3, 就应该录用. 那么, 如何能知道第 4 个应聘者绝对名次的期望值呢? 显然必须从他在前 4 个人中的相对名次来判断.

记 l_k 为第 k 位面试的应聘者在前 k 个应聘者中的相对名次, $f_k(l)$ 为第 k 个应聘者在前 k 个应聘者中相对名次为 l 时, 他的绝对名次的期望值.

通过简单分析可以知道:

$$f_4(1) \leqslant 3, \quad f_4(2) \leqslant 3, \quad f_4(3) > 3, \quad f_4(4) > 3$$

因此, 若 $l_4 \leqslant 2$, 则第 4 个应聘者应被录用.

类似地, 存在数 b_1, b_2, b_3, 使得第 $k(k = 1, 2, 3)$ 个应聘者的录用标准为: $l_k \leqslant b_k$. 显然 $b_0 = 0$, 即第一个应聘者绝对不会被录用.

这样就得到一个招聘的策略: 给出数组 $\{b_k\}_{k=1}^N$. 若前 $k - 1$ 个应聘者都未被录用, 则第 k 个应聘者的录用标准为 $l_k \leqslant b_k$.

策略数组 $\{b_k\}_{k=1}^N$ 显然满足 $b_{k-1} \leqslant b_k$, $b_N = N$. 因此, 对于 $N = 5$, 策略数组 $\{b_k\}$ 只可能是下列数组之一:

$$[0, 0, 0, 2, 5], \quad [0, 0, 1, 2, 5], \quad [0, 0, 2, 2, 5]$$

$$[0, 1, 1, 2, 5], \quad [0, 1, 2, 2, 5], \quad [0, 2, 2, 2, 5]$$

练习 13 试对以上策略数组用模拟的方法求出招聘到的应聘者的绝对名次的期望值, 并求出最优的策略数组.

若 N 比较大, 不能将所有可能的 $\{b_k\}$ 全部列举出来进行选择最优, 必须通过计算来求出 b_k 的值.

设 v_k 表示前 $k-1$ 个应聘者未被录用, 从第 k 个应聘者才开始录用时录用到的应聘者的绝对名次的期望值. 显然

$$b_k = \max\{l \,|\, f_k(l) \leqslant v_{k+1}\} \tag{12.4}$$

如果已知 $v_{k+1}, f_k(l)(l = 1, 2, \cdots, k)$, 我们可以求出 b_k. 由于第 k 个应聘者在前 k 个应聘者中相对名次为 $l(l = 1, 2, \cdots, k)$ 的概率为 $\frac{1}{k}$, 在 $l \leqslant b_k$ 时录用第 k 个应聘者, 否则面试下一位. 从而 v_k 可以由下式求出

$$v_k = \frac{1}{k} \sum_{l=1}^{b_k} f_k(l) + \frac{k - b_k}{k} v_{k+1} \tag{12.5}$$

例如

$$v_4 = \frac{1}{4}(f_4(1) + f_4(2)) + \frac{4 - 2}{4} v_5$$

那么, 如何计算 $f_k(l)$ 呢? 要严格地根据概率公式进行推导是相当麻烦的. 我们还是采用模拟的方法. 我们以 $N = 5$ 时计算 $f_4(l)(l = 1, 2, 3, 4)$ 为例.

取 $\{1, 2, 3, 4, 5\}$ 的随机排列, 然后取该排列的前 4 个数, 再将这 4 个数按升序排列, 则这个升排列的第 l 个数就是这一次模拟时, 前 4 个数中相对第 l 名的绝对名次. 做出若干次模拟, 取平均值, 就可以作为 $f_4(l)$ 的近似值.

以下程序给出了 $f_k(l)(l = 1, 2, \cdots, k)$ 的值 $(k = 1, 2, 3, 4, 5)$.

```
n=5;
f=zeros(n,n);
m=1000;%共做m次模拟
for r=1:m
    y=randperm(n);
    for k=1:n
        f(1:k,k)=f(1:k,k)+sort(y(1:k)');
    end
end
f/m
```

运行结果见表 12.2.

表 12.2　 $N = 5$ 时, $f_k(l)$ 的值

l	$f_1(l)$	$f_2(l)$	$f_3(l)$	$f_4(l)$	$f_5(l)$
1	3.017	1.998	1.511	1.188	1.
2		4.044	3.035	2.399	2.
3			4.523	3.612	3.
4				4.810	4.
5					5.

由 $f_4(1) \leqslant 3$, $f_4(2) \leqslant 3$, $f_4(3) > 3$, 根据 (12.4) 式可得

$$b_4 = 2$$

又 $v_5 = 3$, 由 (12.5) 式,

$$v_4 = \frac{1}{4}(1.188 + 2.399) + \frac{2}{4} \cdot 3 = 2.39675$$

根据 (12.4), (12.5) 式, 可以进一步求出其他各个数值, 从而定出最优策略数组.

练习 14　计算 b_3, b_2, b_1, 给出 $N = 5$ 时的最优策略数组, 并与练习 13 的结果相比较.

练习 15　在 $N = 100$ 时, 给出最优策略数组, 再通过模拟的方法求出此时被录用的应聘者的绝对名次的期望值.

练习 16　在 N 趋向于无穷大时, 被录用的应聘者的绝对名次的期望值存在极限吗?

2.3　基因遗传问题

随着人类的进步, 人们为了揭示生命的奥秘, 越来越重视遗传学的研究, 特别是遗传特征的逐步传播, 引起了人们广泛的注意. 无论是人还是动植物都会将本身的特征遗传给下一代, 这主要是由于后代继承了双亲 (称为亲体) 的基因, 形成自己的基因对, 基因对确定了后代所表现的特征. 下面研究基因遗传问题, 用理论分析与计算机模拟相结合的方法来研究基因型的概率分布, 特别是它们的极限分布.

在常染色体遗传中, 后代是从每个亲体的基因对中各继承一个基因, 形成自己的基因对. 如果所考虑的遗传特征是由两个基因 A 和 a 控制的, 那么就有三种基因对: AA, Aa, aa. 这里 AA 和 Aa 都表现了同一外部特征, 基因 A 称为显性的, 基因 a 称为隐性的. 若一个亲体的基因对为 Aa, 而另一个亲体的基因对为 aa, 那么后代可以从 aa 中得到基因 a, 从 Aa 中或得到 A, 或得到 a, 而且是等可能性地得到. 于是后代基因对为 Aa 或 aa 的可能性相等. 表 12.3 给出了遗传时基因对的所有可能的结合方式 (括号内的数字表示概率).

表 12.3 双基因遗传后代基因对的概率

父体 \ 母体	AA	Aa	aa
AA	AA(1)	AA(1/2) Aa(1/2)	Aa(1)
Aa	AA(1/2) Aa(1/2)	AA(1/4) Aa(1/2) aa(1/4)	Aa(1/2) aa(1/2)
aa	Aa(1)	Aa(1/2) aa(1/2)	aa(1)

问题 3 农场的某种植物的基因型为 AA, Aa 和 aa. 农场计划采用 AA 型植物与每种基因型植物相结合的方案培育植物后代. 那么经过若干年后, 这种植物的任一代的三种基因型分布 (在植物总数中所占的比例) 如何?

设 a_n, b_n 与 c_n 分别表示第 $n(n = 1, 2, \cdots)$ 代植物中基因型为 AA, Aa 与 aa 在植物总数中所占的比例. $x^{(n)}$ 为第 n 代植物的基因型分布:

$$x^{(n)} = (a^{(n)}, b^{(n)}, c^{(n)})^{\mathrm{T}}$$

当 $n = 1$ 时, $x^{(1)} = (a^{(1)}, b^{(1)}, c^{(1)})^{\mathrm{T}}$ 表示植物基因型的初始分布.

下面分两种情况来进行研究.

1. 理想情况

所谓理想情况, 是指从植物总体而言, 上一代基因完全等概率地遗传给下一代.

由于第 $n-1$ 代的 AA 型与 AA 型结合, 后代全部是 AA 型; 第 $n-1$ 代的 Aa 型与 AA 型结合, 后代是 AA 型的可能性是 $\frac{1}{2}$; 第 $n-1$ 代的 aa 型与 AA 型结合, 后代不可能是 AA 型. 因此有

$$a_n = 1 \cdot a_{n-1} + \frac{1}{2} \cdot b_{n-1} + 0 \cdot c_{n-1}$$

类似地

$$b_n = \frac{1}{2} b_{n-1} + c_{n-1}$$

$$c_n = 0$$

因此, 有 $x^{(n)} = M x^{(n-1)}$, 反复递推可得 $x^{(n)} = M^n x^{(0)}$, 其中 M 是一矩阵.

练习 17 求出矩阵 M, 并给出 $x^{(n)}$ 的一般表达式.

练习 18 取随机的初始分布 (其分量之和必须为 1), 通过数值实验观察 $x^{(n)}$ 的变化情况. $x^{(n)}$ 是否有极限?

练习 19　根据练习 17 给出的 $x^{(n)}$ 的表达式从理论上求出 $x^{(n)}$ 的极限, 给出在理想情况下问题 3 的结论.

2. 实际情况

在实际过程中, 植物种群就总体而言, 上一代基因不可能完全等概率地遗传给下一代, 而是满足一定的随机分布. 下面对给定的一种初始分布, 比如 $x^{(1)} = (0.4, 0.4, 0.2)^{\mathrm{T}}$, 通过模拟的方法给出以后各代植物基因型的分布.

此时, 相邻两代基因型的分布满足下面的递推关系:

$$\begin{cases} a_n = 1 \cdot a_{n-1} + t \cdot b_{n-1} + 0 \cdot c_{n-1}, \\ b_n = (1-t)b_{n-1} + c_{n-1}, \\ c_n = 0 \end{cases} \tag{12.6}$$

其中 t 是一个随机变量. 我们可以将它近似地看作一正态分布随机变量, 其期望值为 $\dfrac{1}{2}$, 而方差的值与植物的总数有关, 一般在区间 $[10^{-6}, 10^{-1}]$ 内. 下面的程序可用来求出各代植物基因型的分布.

```
sigma=10^-2;
t=random('Normal',0.5,sigma,1,30);
x0=[0.4,0.4,0.2];
a=x0(1);b=x0(2);c=x0(3);b0=b;
for i=1:30
    a1=a+t(i)*b;b1=(1-t(i))*b+c;c1=0;a=a1;b=b1;c=c1;
    fprintf('i=%i,a=%6.3f,b=%6.3f,c=%6.3f\n',i,a,b,c)
end
```

练习 20　就不同的方差值与随机的初始分布运行上面的程序, 观察基因型的分布的变化情况, 并与练习 17、练习 18 进行比较.

问题 3 是人工培育的一个例子. 那么, 如果不加人工干涉, 是什么样的情况呢?

问题 4　如果某种植物是自然遗传的, 试研究三种基因型的分布在遗传过程中的变化规律.

若植物是自然遗传的, 如果基因也是完全等概率地遗传, 根据表 12.3, 我们也可以求出第 $n-1$ 代基因型与第 n 代基因型的递推关系:

$$\begin{cases} a_n = a_{n-1}^2 + 2 \cdot \dfrac{1}{2} a_{n-1} \cdot b_{n-1} + \dfrac{1}{4} b_{n-1}^2, \\ b_n = 2 \cdot \dfrac{1}{2} a_{n-1} \cdot b_{n-1} + 2 \cdot a_{n-1} \cdot c_{n-1} + \dfrac{1}{2} \cdot b_{n-1}^2 + 2 \cdot \dfrac{1}{2} b_{n-1} \cdot c_{n-1}, \\ c_n = c_{n-1}^2 + 2 \cdot \dfrac{1}{2} c_{n-1} \cdot b_{n-1} + \dfrac{1}{4} b_{n-1}^2 \end{cases} \tag{12.7}$$

练习 21 选取随机的初始分布, 根据 (12.7) 式, 求出各代基因型的分布. 观察它们的变化规律. 关于基因型的分布何时趋于稳定, 能得出什么结论?

练习 22 从理论上证明练习 21 的结论.

练习 23 如果基因是随机地遗传, 基因型的分布的变化是否仍然满足上面的结论? 用模拟的方法进行观察.

上面研究的是两种基因的遗传. 在人类血型遗传中, 由于有三种基因, 问题要复杂一些. 在 A, B, O 血型系统中有三种血型基因: i_A, i_B, i. 每个人都有两种血型基因, 分别取自父母双亲. 一共存在 6 种基因对: i_Ai_A, i_Ai (这两种均为 A 型血), i_Bi_B, i_Bi (这两种均为 B 型血), i_Ai_B (AB 型血), ii (O 型). 血型遗传规律与双基因遗传类似, 表 12.4 给出了遗传过程中, 后代血型基因对的概率.

表 12.4　后代血型基因对的概率

父体＼母体	i_Ai_A	i_Ai	i_Bi_B	i_Bi	i_Ai_B	ii
i_Ai_A	$i_Ai_A (1)$	$i_Ai_A (1/2)$ $i_Ai (1/2)$	$i_Ai_B (1)$	$i_Ai (1/2)$ $i_Ai_B (1/2)$	$i_Ai_A (1/2)$ $i_Ai_B (1/2)$	$i_Ai (1)$
i_Ai	$i_Ai_A (1/2)$ $i_Ai (1/2)$	$i_Ai_A (1/4)$ $i_Ai (1/2)$ $ii (1/4)$	$i_Ai_B (1/2)$ $i_Bi (1/2)$	$i_Ai (1/4)$ $i_Bi (1/4)$ $i_Ai_B (1/4)$ $ii (1/4)$	$i_Ai_A (1/4)$ $i_Ai (1/4)$ $i_Bi (1/4)$ $i_Ai_B (1/4)$	$i_Ai (1/2)$ $ii (1/2)$
i_Bi_B	$i_Ai_B (1)$	$i_Ai_B (1/2)$ $i_Bi (1/2)$	$i_Bi_B (1)$	$i_Bi_B (1/2)$ $i_Bi (1/2)$	$i_Bi_B (1/2)$ $i_Ai_B (1/2)$	$i_Bi (1)$
i_Bi	$i_Ai(1/2)$ $i_Ai_B (1/2)$	$i_Ai (1/4)$ $i_Bi (1/4)$ $i_Ai_B (1/4)$ $ii (1/4)$	$i_Bi_B (1/2)$ $i_Bi (1/2)$	$i_Bi_B (1/4)$ $i_Bi (1/2)$ $ii (1/4)$	$i_Ai (1/4)$ $i_Bi_B (1/4)$ $i_Bi (1/4)$ $i_Ai_B (1/4)$	$i_Bi (1/2)$ $ii (1/2)$
i_Ai_B	$i_Ai_A (1/2)$ $i_Ai_B (1/2)$	$i_Ai_A (1/4)$ $i_Ai (1/4)$ $i_Bi (1/4)$ $i_Ai_B (1/4)$	$i_Bi_B (1/2)$ $i_Ai_B (1/2)$	$i_Ai (1/4)$ $i_Bi_B (1/4)$ $i_Bi (1/4)$ $i_Ai_B (1/4)$	$i_Ai_A (1/4)$ $i_Bi_B (1/4)$ $i_Ai_B (1/2)$	$i_Ai(1/2)$ $i_Bi(1/2)$
ii	$i_Ai(1)$	$i_Ai(1/2)$ $ii (1/2)$	$i_Bi(1)$	$i_Bi (1/2)$ $ii (1/2)$	$i_Ai (1/2)$ $i_Bi (1/2)$	$ii (1)$

在 A, B, O 血型系统中各个民族的血型分布极不相同. 例如: 我国汉族 B 型血所占的比例大约是欧洲人的三倍. 那么, 血型分布有何规律呢?

问题 5 研究 A, B, O 血型系统中血型分布的规律, 各个国家、地区、民族的极不相同的血型分布情况又为何能长期稳定存在呢?

在这个问题中, 基因是自然遗传的, 因此可以类似于问题 4, 建立相邻两代 6 种基因对分布的递推关系.

练习 24 给出第 $n-1$ 代基因型分布与第 n 代基因型分布的递推关系.

练习 25　任意给出基因型的初始分布 $x^{(1)}$, 由递推关系给出 $x^{(n)}(n = 1, 2, \cdots)$ 的数值. 观察基因型分布的变化规律.

练习 26　从理论上解释为什么这 6 种基因对在等概率遗传条件下能够稳定存在.

练习 27　如果基因是随机地遗传, 对基因型的任意初始分布 $x^{(0)}$, 用随机模拟的方法给出 $x^{(n)}(n = 1, 2, \cdots)$ 的数值. 此时变化规律与练习 24 得出的规律有何不同?

§3　本实验涉及的 MATLAB 软件语句说明

命令 random(name,A,B,...,m,n,...) 用来产生随机数. 常见的随机分布的名称见表 12.5.

表 12.5　常用的分布函数表

分布	名称	参数
β 分布	beta	alpha, beta
χ^2 分布	chi2	n
指数分布	exp	lambda
F 分布	f	n1, n2
Γ 分布	gam	alpha, lambda
正态分布	norm 或 normal	mu, sigma
t 分布	t	n
二项分布	bino 或 binomial	n, p
均匀分布	unif	a, b
离散均匀分布	unid	n
Poisson 分布	poiss	lambda

实验十三   二项分布的计算与中心极限定理

【实验目的】
(1) 研究用 Poisson 逼近与正态逼近进行二项分布近似计算的条件;

(2) 检验中心极限定理.

§1   引   言

二项分布在概率论中占有很重要的地位. n 次 Bernoulli 实验中正好出现 k 次成功的概率由下式给出:

$$b(k;n,p) = C_n^k p^k (1-p)^{n-k}, \quad k = 0,1,2,\cdots,n$$

二项分布的值有现成的表可查, 这种表对不同的 n 及 p 给出了 $b(k;n,p)$ 的数值. 在实际应用中, 通常可用二项分布的 Poisson 逼近与正态逼近来进行二项分布的近似计算. 在本实验中, 我们来具体地研究在什么条件下, 可用 Poisson 逼近与正态逼近进行二项分布的近似计算.

在概率论中, 中心极限定理是一个很重要的内容. 在本实验中, 我们用随机模拟的方法来检验一个重要的中心极限定理——Lindeberg-Levi 中心极限定理.

§2   实验内容与练习

2.1   二项分布的 Poisson 逼近

用 MATLAB 软件可以比较方便地求出二项分布的数值. 下面的程序给出了 $b(k;20,0.1)(k = 0,1,2,\cdots,20)$ 的值.

```
n=20;p=0.1;a=[];
for k=0:20
   a(k+1)=nchoosek(n,k)*p^k*(1-p)^(n-k);
end
a
```

练习 1   用 MATLAB 软件给出 $b(k;20,0.1)$, $b(k;20,0.3)$ 与 $b(k;20,0.5)(k = 0,1,2,\cdots,20)$ 的值.

　　根据上面程序求出的向量 a, 我们可用 plot(a) 画出数据的散点连线图 (图 13.1).

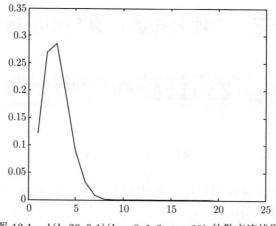

图 13.1　　$b(k; 20, 0.1)(k = 0, 1, 2, \cdots, 20)$ 的散点连线图

练习 2　绘出 $b(k; 20, 0.3)$ 与 $b(k; 20, 0.5)(k = 0, 1, 2, \cdots, 20)$ 的散点图.

　　根据下面的定理, 二项分布可用 Poisson 分布来进行近似计算.

定理 13.1　在 Bernoulli 试验中, 以 p_n 代表事件 A 在试验中出现的概率, 它与试验总数有关, 如果 $np_n \to \lambda$, 则当 $n \to \infty$ 时,

$$b(k; n, p_n) \to \frac{\lambda^k}{k!} e^{-\lambda}$$

　　由定理 13.1, 在 n 很大, p 很小, 而 $\lambda = np$ 大小适中时有

$$b(k; n, p) = C_n^k p^k (1-p)^{n-k} \approx \frac{\lambda^k}{k!} e^{-\lambda}$$

　　练习 3　用 Poisson 逼近给出 $b(k; 100, 0.01)(k = 0, 1, 2, \cdots, 100)$ 与 $b(k; 1000, 0.001)(k = 0, 1, 2, \cdots, 1000)$ 的近似值, 并与它们的精确值做比较.

　　表 13.1 给出了 $b(k; 100, 0.01)(k = 0, 1, 2, \cdots, 10)$ (表中记为 $b_1(k)$), $b(k; 1000, 0.001)(k = 0, 1, 2, \cdots, 10)$(记为 $b_2(k)$) 的 Poisson 逼近的近似值 (记为 $P(k)$) 与它们的精确值的比较, 其中 $r_1(k) = |b_1(k) - P(k)|$, $r_2(k) = |b_2(k) - P(k)|$.

　　从表 13.1 可以看出, 用 Poisson 分布来计算 $b(k; 1000, 0.001)$ 比 $b(k; 100, 0.01)$ 的效果好得多. 我们可以画出它们的散点图来观察近似计算的效果. 下面的程序给出了 $b(k; 20, 0.1)$ 的近似计算与精确值的比较, 结果如图 13.2 所示.

```
b=inline('nchoosek(n,k)*p^k*(1-p)^(n-k)');
```

```
pas=inline('lamda^k/factorial(k)*exp(-lamda)');
lamda=2.0;n=20;p=lamda/n;
t1=[];t2=[];
for k=0:20
    t1(k+1,1:2)=[k,b(k,n,p)]';
    t2(k+1,1:2)=[k,pas(k,lamda)]';
end
hold on;
g1=plot(t1(:,1),t1(:,2),'b');
g2=plot(t2(:,1),t2(:,2),'k+');
```

表 13.1   二项分布的 Poisson 逼近

k	$b_1(k)$	$b_2(k)$	$P(k)$	$r_1(k)$	$r_2(k)$
0	3.660×10^{-1}	3.677×10^{-1}	3.679×10^{-1}	1.85×10^{-3}	1.84×10^{-4}
1	3.697×10^{-1}	3.681×10^{-1}	3.679×10^{-1}	1.85×10^{-3}	1.84×10^{-4}
2	1.849×10^{-1}	1.841×10^{-1}	1.835×10^{-1}	9.25×10^{-4}	9.20×10^{-5}
3	6.100×10^{-2}	6.128×10^{-2}	6.132×10^{-2}	3.14×10^{-4}	3.07×10^{-5}
4	1.494×10^{-2}	1.529×10^{-2}	1.533×10^{-2}	3.87×10^{-4}	3.83×10^{-5}
5	2.898×10^{-3}	3.049×10^{-3}	3.066×10^{-3}	1.68×10^{-4}	1.69×10^{-5}
6	4.635×10^{-4}	5.061×10^{-4}	5.109×10^{-4}	4.75×10^{-5}	4.84×10^{-6}
7	6.286×10^{-5}	7.194×10^{-5}	7.299×10^{-5}	1.01×10^{-5}	1.05×10^{-6}
8	7.382×10^{-6}	8.938×10^{-6}	9.124×10^{-6}	1.74×10^{-6}	1.86×10^{-7}
9	7.622×10^{-7}	9.862×10^{-7}	1.014×10^{-6}	2.52×10^{-7}	2.76×10^{-8}
10	7.006×10^{-8}	9.783×10^{-8}	1.014×10^{-7}	3.13×10^{-8}	3.55×10^{-9}

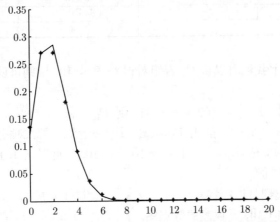

图 13.2 $b(k;20,0.1)$ 的 Poisson 近似计算与精确值的比较

练习 4　绘出 $b(k; 100, 0.01)$ 与 $b(k; 1000, 0.001)$ 的近似计算与精确计算的散点图.

那么, n, p, λ 到底取何值时, 我们可以用 Poisson 分布来近似计算二项分布的值呢? 我们可以用误差来作为衡量标准评价近似的效果.

若 n 与 p 给定, 则 $b(k; n, p)$ 与其 Poisson 逼近的误差是 k 的函数:

$$P_{n,p}(k) = \left| C_n^k p^k (1-p)^{n-k} - \frac{\lambda^k}{k!} \mathrm{e}^{-\lambda} \right|$$

根据上式可以定义二项分布的 Poisson 逼近的误差.

定义 13.2　若 n 与 p 给定, 我们定义二项分布 $b(k; n, p)(k = 0, 1, 2, \cdots, p)$ 的 Poisson 逼近的误差为

$$P_{n,p} = \max_{0 \leqslant k \leqslant n} P_{n,p}(k) = \max_{0 \leqslant k \leqslant n} \left| C_n^k p^k (1-p)^{n-k} - \frac{\lambda^k}{k!} \mathrm{e}^{-\lambda} \right|.$$

通过简单的程序运算我们可以求得: $P_{100,0.01} = 1.85 \times 10^{-3}$, $P_{1000,0.001} = 1.84 \times 10^{-4}$.

练习 5　通过编程求出在 $n = 10, 100, 1000$ 与 10000, $\lambda = 0.1, 1.0$ 与 10.0 时, 二项分布的 Poisson 逼近的误差, 填入表 13.2. 你能从中发现什么规律?

表 13.2　二项分布的 Poisson 逼近的误差表

λ $\diagdown$ n	0.1	1.0	10.0
10			
100		1.85×10^{-3}	
1000		1.84×10^{-4}	
10000			

在一定条件下我们可以认为, 若绝对误差 $P \leqslant 10^{-3}$, 则可以接受近似计算的结果.

在 $\lambda = 1$ 时, 若 $n = 100, p = 0.01$, 则 $P_{100,0.01} = 1.85 \times 10^{-3} > 10^{-3}$, 不能接受计算结果, 即此时不能用 Poisson 逼近来近似计算二项分布的值; 若 $n = 1000, p = 0.001$, 则 $P_{1000,0.001} = 1.84 \times 10^{-4} < 10^{-3}$, 此时可用 Poisson 逼近来近似计算二项分布的值.

对 $\lambda = 1$, 我们可以编程求出 $n = 2, 3, \cdots, 1000$ 对应的二项分布的 Poisson 逼近的误差. 图 13.3 就是误差的散点图.

在 $\lambda = 1$ 时, 要使绝对误差 $P \leqslant 10^{-3}$, 必须 $n \geqslant 185$.

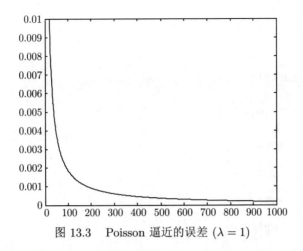

图 13.3 Poisson 逼近的误差 $(\lambda = 1)$

练习 6 在 $\lambda = 0.1, 0.5, 2.0, 5.0, 10.0$ 时, n 取何值, 可使绝对误差 $P \leqslant 10^{-3}$?

练习 7 若误差标准改为 $P \leqslant 10^{-4}$ 或其他的数据, 研究上面相应的问题.

练习 8 对于 n, p, λ 到底取何值时, 可以用 Poisson 分布来近似计算二项分布的值, 你有什么结论?

2.2 二项分布的正态逼近

2.1 节中讨论了用 Poisson 逼近来近似计算二项分布的问题. 在实际应用中, 我们还可以用正态逼近来近似计算二项分布. 计算的根据是局部极限定理, 在 $n \to \infty$ 时, 有

$$C_n^k p^k q^{n-k} \div \left(\frac{1}{\sqrt{npq}} \cdot \frac{1}{\sqrt{2\pi}} \cdot \exp\left(-\frac{1}{2} \left(\frac{k - np}{\sqrt{npq}} \right)^2 \right) \right) \to 1$$

图 13.4 是 $b(k; 20, 0.1)$ 的正态逼近的近似值与精确值的比较的散点图.

图 13.5 用另一种方式更直观地显示出逼近的效果. 图 13.5 中, 阶梯函数给出概率 $C_n^k p^k q^{n-k}$, 而曲线则给出对应的正态分布密度函数. 其 MATLAB 程序如下.

```
n=20;p=0.1;q=1-p;
bb=inline('nchoosek(n,k)*p^k*(1-p)^(n-k)');
h=inline('exp(-((k-n*p)/sqrt(n*p*(1-p)))^2/2)/...
    sqrt(2*pi*n*p*(1-p))');
u=[];
%u=0:20;
for k=0:20
    u(k+1)=bb(k,n,p);
```

```
    v(k+1)=h(k,n,p);
end
hold on;
bar(0:20,u,'k');
plot(0:20,v,'k');
axis([-0.5,20,0,0.3]);
```

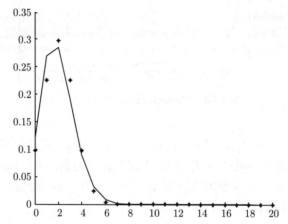

图 13.4　$b(k;20,0.1)$ 的正态逼近的近似值与精确值的比较

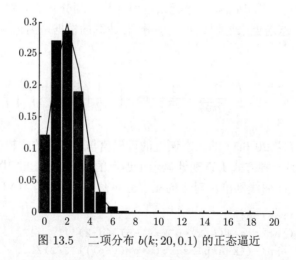

图 13.5　二项分布 $b(k;20,0.1)$ 的正态逼近

由于 n 的取值比较小, 我们可以看出, 近似的效果不是很好.

练习 9　用正态逼近给出 $b(k;100,0.01)(k=0,1,2,\cdots,100)$ 与 $b(k;1000,0.001)(k=0,1,2,\cdots,1000)$ 的近似值, 与它们的精确值作比较. 作出近似计算与精确计算的散点图.

练习 10 作出 $b(k; 100, 0.01)$ 与 $b(k; 1000, 0.001)$ 的阶梯函数与对应的正态分布密度函数曲线, 观察其效果.

若 n 与 p 给定, 我们也可以定义二项分布 $b(k; n, p)(k = 0, 1, 2, \cdots, n)$ 的正态逼近的误差为

$$N_{n,p} = \max_{0 \leqslant k \leqslant n} N_{n,p}(k) = \max_{0 \leqslant k \leqslant n} \left| C_n^k p^k q^{n-k} - \frac{1}{\sqrt{npq}} \cdot \frac{1}{\sqrt{2\pi}} \cdot \exp\left(-\frac{1}{2} \left(\frac{k - np}{\sqrt{npq}} \right)^2 \right) \right|$$

式中 $q = 1 - p$.

练习 11 若 λ 分别取 $0.1, 0.5, 1.0, 2.0, 5.0, 10.0$, n 取何值时, 可使绝对误差 $N \leqslant 10^{-3}$?

练习 12 n, p, λ 到底取何值时, 可以用正态逼近来近似计算二项分布的值?

练习 13 比较二项分布的 Poisson 逼近与正态逼近的优劣.

2.3 中心极限定理的验证

1. 正态分布的假设检验

在实际应用中, 有许多随机数据都可以看作来自正态分布. 那么, 如何检验一批数据是否来自正态分布呢?

按照国家标准, 我们采用 D 检验来判断随机数据的正态性. 下面通过一个例子介绍 D 检验的过程.

例 1 下面是某种刀具生产的合格零件个数 (已用 MATLAB 语句的形式给出), 判断它们是否满足正态分布:

```
t=[459,362,624,542,509,584,433,748,815,505,...
   612,452,434,982,640,742,565,706,593,680,...
   926,653,164,487,734,608,428,1153,593,844,...
   527,552,513,781,474,388,824,538,862,659,...
   775,859,755,649,697,515,628,954,771,609,...
   402,960,885,610,292,837,473,677,358,638,...
   699,634,555,570,84,416,606,1062,484,120,...
   447,654,564,339,280,246,687,539,790,581,...
   621,724,531,512,577,496,468,499,544,645,...
   764,558,378,765,666,763,217,715,310,851];
```

解 (1) 将 100 个数据按非减次序排列:

$$X_{(1)} \leqslant X_{(2)} \leqslant \cdots \leqslant X_{(100)}$$

(2) 计算统计量 (其中 $n = 100$, $\bar{X}$ 是数据样本的均值):

$$D = \frac{\displaystyle\sum_{k=1}^{n} \left(k - \frac{n+1}{2} \right) \cdot X_{(k)}}{n^{3/2} \cdot \left(\displaystyle\sum_{k=1}^{n} \left(X_{(k)} - \bar{X} \right)^2 \right)^{1/2}}$$

(3) 计算统计量:

$$Y = \frac{\sqrt{n}(D - 0.28209479)}{0.02998598}$$

(4) 给定检验水平 $\alpha = 0.05$, 查表得临界值 $Z_{\alpha/2} = -2.54$ 及 $Z_{1-\alpha/2} = 1.31$.

(5) 若 $Z_{\alpha/2} < Y < Z_{1-\alpha/2}$, 则接受正态分布假设, 否则拒绝正态分布假设.

经计算得 $Y = -1.2933$, 显然 $-2.54 < -1.2933 < 1.31$, 接受正态分布假设.

D 检验的 MATLAB 程序如下:

```
function y=f(data)
z1=-2.54;z2=1.31;
data1=sort(data);
n=length(data);
me=mean(data1);
d1=sum(((1:n)-(n+1)/2).*data1);
d2=sqrt(n)^3*sqrt(sum((data-me).^2));
d=d1/d2;
z=sqrt(n)*(d-0.28209479)/0.02998598;
if(z1<z) && (z<z2)
    y=1;
else
    y=0
end
```

在 MATLAB 中先输入数据 t, 再求 f(t) 的结果为 1, 表示通过正态检验. 当然, 我们可将程序中 y=1 语句改为

```
disp(['succeed']);
```

来输出通过检验的信息. 类似地可以输出不通过检验的信息.

D 检验的几个常用的临界值见表 13.3.

练习 14　用 MATLAB 软件产生 200 个标准正态分布的伪随机数 (参见实验十二), 用 D 检验方法检验其正态性.

表 13.3　D 检验的临界值表

α n	0.005	0.025	0.05	0.95	0.975	0.995
100	−3.57	−2.54	−2.07	1.14	1.31	1.59
200	−3.30	−2.39	−1.96	1.29	1.50	1.85
500	−3.04	−2.24	−1.85	1.42	1.67	2.11
1000	−2.91	−2.16	−1.79	1.49	1.75	2.25

2. 中心极限定理的检验

下面我们来研究一个重要的中心极限定理.

定理 13.3 (Lindeberg-Levi)　设 $\xi_1, \xi_2, \cdots, \xi_n, \cdots$ 是一串相互独立、相同分布的随机变量, 且

$$E\xi_k = m, \quad D\xi = \sigma^2$$

对于标准化随机变量之和 $\zeta_n = \dfrac{1}{\sigma\sqrt{n}} \sum_{k=1}^{n} (\xi_k - m)$, 在 $0 < \sigma^2 < \infty$ 时, 有

$$\lim_{n\to\infty} P\{\xi_n < x\} = \frac{1}{\sqrt{2\pi}} \int_{-\infty}^{x} e^{-\frac{t^2}{2}} dt$$

我们先讨论相互独立的随机变量 $\xi_k = b(k; 20, 0.1)(k = 1, 2, \cdots)$ 之和的极限情况. 易知 $E\xi_k = m = 2, D\xi_k = \sigma^2 = 1.8$, 考虑标准化随机变量之和:

$$\zeta_n = \frac{1}{\sigma\sqrt{n}} \sum_{k=1}^{n} (\xi_k - m)$$

对于固定的 n, 我们每次用 MATLAB 软件模拟 100 个分布 ζ_n 的随机数, 然后用 D 检验来判定其是否能通过正态分布检验. 重复一定的次数, 观测其能通过正态分布检验的比率. 在下面的程序中, 我们取 $n = 30$ (程序中的 `number`)

```
whole=25;number=300;s=0;c=0;
n=20;p=0.1;nu=n*p;sigma=sqrt(n*p*(1-p));
for j=1:whole
    a=[];
    for i=1:100
        t=random('Binomial',n,p,number,1);
        s=sum(t-nu);
        a(i)=s/(sigma*sqrt(number));
    end
    %a=1:100;
    c=c+f(a);
```

```
end
c
```

下面就是程序运行 20 次得到的结果:

$$24, 23, 23, 22, 25, 21, 25, 24, 25, 23, 24, 22, 24, 25, 25, 23, 24, 24, 25, 25$$

可见其结果比较稳定, 通过正态分布检验的比率为 $476/500 = 95.2\%$.

练习 15　通过计算机模拟求出, 对分布 $\xi_k = b(k; 20, 0.1)$, n 取何值时, 可使其在检验水平 $\alpha = 0.05$ 条件下, 以 95% 的概率通过正态分布的检验. 若取检验水平 $\alpha = 0.01$, 结果又如何?

练习 16　选取其他的二项分布, 研究上述问题.

练习 17　对于 Poisson 分布, $\xi = \dfrac{\lambda^k}{k!} \mathrm{e}^{-\lambda}$, 选取适当的 λ 研究上述问题.

设 $\xi_1, \xi_2, \cdots, \xi_n, \cdots$ 是相互独立、均服从 $[0,1]$ 均匀分布的随机变量, 这时定理 13.3 的条件得到满足, 故 $\xi_1 + \xi_2 + \cdots + \xi_n$ 渐近于正态变量. 我们可以选取适当的 n, 由 $[0,1]$ 均匀分布随机数来产生正态分布随机数. 那么 n 取多少比较合适呢?

练习 18　分别取正态分布 D 检验的检验水平 $\alpha = 0.05$, 研究 $n = 6, 8, 10, 12, 14$ 时相互独立的 $[0,1]$ 均匀分布的随机变量之和 $\xi_1 + \xi_2 + \cdots + \xi_n$ 通过正态分布检验的概率.

在实际应用中, 取 $n = 12$, 用 $\eta = \sum\limits_{k=1}^{12} \xi_k - 6$ 来产生标准正态分布随机数, 这种方法的效果如何呢?

练习 19　对于 $n = 12$, 分别在检验水平 $\alpha = 0.01, 0.05, 0.1$ 情况下研究上述问题.

§3　本实验涉及的 MATLAB 软件语句说明

1. `nchoosek(n,k)`

组合数 C_n^k.

2. `bar(0:20,u,'k')`

根据数组 `0:20` 以及 `u` 画直方图.

3. `sort(data)`

对数组 `data` 按照从小到大排列.

4. `mean(data1)`

求数组 `data1` 的元素的平均值.

5. `random('Binomial',n,p,number,1)`

给出满足参数为 `n, p` 的二项分布长度为 `number` 的列向量.

实验十四　种群增长模型与新冠肺炎疫情预测

【实验目的】

(1) 学会种群增长的指数模型和 Logistic 模型;

(2) 用适当的数学模型进行传染病数据的分析和预测;

(3) 研究新冠肺炎疫情.

§1　背景介绍

人口问题是世界上最受关注的问题之一, 各个国家的经济发展会不同程度地受到人口因素的制约. 对于人口增长进行预测, 即根据过去的人口数据, 建立合适的数学模型, 对未来的人口进行预测, 是人口学研究的主要问题.

人类是特殊的生物. 关于人口增长的许多数学模型同样也适用于动植物种群增长的研究.

在人类发展的历史中, 人们不断地受到各种传染病的困扰. 利用种群增长的数学模型, 可以研究传染病的传播规律, 进而对传染病加以控制. 为保护人类的生命健康提供帮助.

种群增长的数学模型可以分为离散型和连续型两种. 本实验中, 我们着重研究连续型的数学模型.

§2　实验内容与练习

2.1　线性最小二乘

我们通过观测得到了一批数据, 如表 14.1.

表 14.1　观测数据表

k	1	2	3	4	5	6	7	8	9
x_k	1.5	1.8	2.4	2.8	3.4	3.7	4.2	4.7	5.3
y_k	8.9	10.1	12.4	14.3	16.2	17.8	19.6	22.0	24.1

我们想用一个简单的式子表示变量 x 和 y 之间的关系. 首先, 我们把 (x_k, y_k) $(k = 1, 2, \cdots, 9)$ 这些点用图形表示出来 (图 14.1).

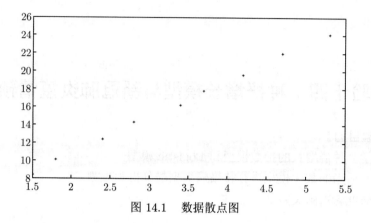

图 14.1　数据散点图

可以看出, 这些点近似地在一条直线上.

假设变量 x 与 y 满足函数关系 $y = a_0 + a_1 x$. 我们希望图形上的这些点靠近直线, 也就是误差尽量小. 对于某个点 (x_k, y_k), 我们可以用 $|y_k - (a_0 + a_1 x_k)|$ 来表示误差. 如果一共有 m 个点, 所有点的总误差通常用

$$E(a_0, a_1) = \sum_{k=1}^{m} (y_k - (a_0 + a_1 x_k))^2$$

来表示. 我们把通过求 $E(a_0, a_1)$ 的最小值从而求得近似函数的方法称为最小二乘方法.

为了使得关于 a_0, a_1 的误差函数 $E(a_0, a_1)$ 取最小值, 我们令 $E(a_0, a_1)$ 关于 a_0, a_1 的偏导数为零, 得到

$$\frac{\partial E}{\partial a_0} = -2 \sum_{k=1}^{m} (y_k - (a_0 + a_1 x_k)) = 0$$

$$\frac{\partial E}{\partial a_1} = -2 \sum_{k=1}^{m} x_k (y_k - (a_0 + a_1 x_k)) = 0$$

化简得到

$$\begin{cases} m a_0 + \left(\sum_{k=1}^{m} x_k \right) a_1 = \sum_{k=1}^{m} y_k, \\ \left(\sum_{k=1}^{m} x_k \right) a_0 + \left(\sum_{k=1}^{m} x_k^2 \right) a_1 = \sum_{k=1}^{m} x_k y_k \end{cases}$$

该方程组称为最小二乘问题的法方程组.

练习 1 针对表 14.1 中给出的数据, 用最小二乘法求近似一次函数, 给出法方程组, 并求解.

在 MATLAB 中, 可以用命令 `polyfit` 来求解线性最小二乘问题.

2.2 Malthus 模型

1798 年, 英国政治经济学家 Malthus 在分析了一百多年人口统计资料之后, 提出了人口增长的 Malthus 模型.

模型假设 (1) 人口增长率 k 是常数 (增长率 = 出生率 − 死亡率).

(2) 人口数量的变化是封闭的, 即人口数量的增加与减少只取决于人口中个体的生育和死亡, 且每一个体都具有同样的生育能力与死亡率.

建模与求解 设 t 时刻的人口数是 $x(t)$. t 时刻到 $t + \Delta t$ 时刻人口的增量为

$$x(t + \Delta t) - x(t) = k \cdot x(t) \cdot \Delta t$$

于是有

$$\frac{x(t + \Delta t) - x(t)}{\Delta t} = kx(t)$$

令 $\Delta t \to 0$, 得到

$$\frac{\mathrm{d}x(t)}{\mathrm{d}t} = kx(t)$$

假设初始时刻的人口数是 x_0, 我们就得到如下数学模型

$$\begin{cases} \dfrac{\mathrm{d}x(t)}{\mathrm{d}t} = kx(t), \\ x(0) = x_0 \end{cases}$$

该模型是一个简单的常微分方程模型, 其解为

$$x(t) = x_0 \mathrm{e}^{kt}$$

数据拟合 表 14.2 给出了某个国家 1790 年到 1980 年的人口数.

如果该国人口数近似符合 Malthus 模型, 那么人口数 $x(t) = x_0 \mathrm{e}^{kt}$ 中的 x_0 和 k 如何求出?

练习 2 根据 $t = 1790$ 时, $x(t) = 3.9$ 和 $t = 1800$ 时, $x(t) = 5.3$, 解出 x_0 和 k, 根据这两个求出的数据计算出从 1810 年到 1980 年每十年的人口数, 分析和实际人口数相比的误差.

表 14.2　人口数据表

年份	人口数/百万	年份	人口数/百万
1790	3.9	1890	62.9
1800	5.3	1900	76.0
1810	7.2	1910	92.0
1820	9.6	1920	106.5
1830	12.9	1930	123.2
1840	17.1	1940	131.7
1850	23.2	1950	150.7
1860	31.4	1960	179.3
1870	38.6	1970	204.0
1880	50.2	1980	226.5

由练习 2 的结果, 直接取两个数来求参数的结果不是很好. 我们可以对 $x(t) = x_0 e^{kt}$ 两边取对数, 得到

$$\ln x(t) = \ln x_0 + kt$$

令 $\ln x(t) = X(t), \ln x_0 = X_0$, 得到

$$X(t) = X_0 + kt$$

这样, $X(t)$ 关于 t 是一个线性函数.

练习 3　根据 $x(t)$ 的数据表, 给出 $X(t)$ 的数据表, 用最小二乘的方法求出参数 X_0, k. 然后给出函数 $x(t) = x_0 e^{kt}$, 根据这一函数计算出 1790 年到 1980 年每年的人口数, 分析计算人口数和实际人口数的误差.

2.3　Logistic 模型

在人口增长的 Malthus 模型中, 人口增长率 k 是一个常数. 在实际生活中, 由于地球上的资源是有限的, 随着人口数量的增加, 自然环境对人口的增长起到了限制作用. 此时我们再把人口增长率看成常数就不合适了.

模型假设　(1) 人口增长率 $k(x)$ 是人口数 x 的线性函数, $k(x) = k - sx$.

(2) 最大人口数是 x_m, 当 $x = x_m$ 时, 人口增长率为 0.

建模与求解　根据模型假设, 可以得到 $k(x) = k\left(1 - \dfrac{x}{x_m}\right)$, 因此我们得到如下数学模型:

$$\begin{cases} \dfrac{\mathrm{d}x}{\mathrm{d}t} = k\left(1 - \dfrac{x}{x_m}\right), \\ x(0) = x_0 \end{cases}$$

这是一个可分离变量的常微分方程, 解为

$$x(t) = \frac{x_m}{1 + \left(\dfrac{x_m}{x_0} - 1\right) \mathrm{e}^{-kt}}$$

数据拟合 人口函数可以改写为

$$x(t) = \frac{x_m}{1 + re^{-kt}}$$

其中 $r = \dfrac{x_m}{x_0} - 1$.

已知观测数据, 如何求出人口函数里的三个参数 x_m, r 与 k 呢? 这里的函数关于参数 x_m, r 与 k 不是线性的, 也不能用简单的取对数或者取倒数的方法把函数化为线性的. 我们可以用 MATLAB 中的非线性最小二乘命令 lsqcurvefit 来求出未知参数.

例 1 对于函数 y=a/x+exp(b*x), 如果已知一组数据, 我们来求出最优的参数 a 与 b.

```
x=1:5;
y=3./x+exp(0.4*x);
a=[2,3];%初始参数
f=@(a,x)a(1)./x+exp(a(2)*x);
[A,resnorm]=lsqcurvefit(f,a,x,y)
%resnorm表示误差平方和
```

运行结果为

```
A=[2.99999999998675,0.40000000000461]
resnorm= 3.789608546834672e-020
```

在上面的例子中, 可以看出, 我们求解非线性最小二乘问题时, 必须给出参数的初始值. 对于 Logistic 模型的三个参数 x_m, r 与 k, 如何给出初始值? 我们可以根据给出的前三组数据, 用解方程的方法求出三个参数. 那么这三组数据求出的参数就可以作为整个问题的参数的初始值.

练习 4 仅仅利用表 14.2 的前三组数据, 解出 Logistic 模型的三个参数, 从而给出人口函数. 根据这一函数给出 1980 年该国家的人口数.

练习 5 利用表 14.2 中 1790 年到 1970 年的数据, 根据 Logistic 模型, 用非线性最小二乘的方法给出人口函数. 作出人口函数的图形. 根据人口函数给出 1980 年该国家的人口数.

2.4　SARS 传染病的分析和预测

SARS 是传染病 "严重急性呼吸综合征" 的英文缩写, 曾称为 "传染性非典型肺炎". 2002 年到 2003 年, 我国有数千人感染该传染病.

以下是 2003 年 4 月 20 日至 5 月 15 日我国确诊感染 SARS 的病人人数 (表 14.3, 根据当时新华社每天提供的数据记录整理, 其中香港、澳门、台湾地区数据未计入).

表 14.3　SARS 感染人数

日期	4月20日	4月21日	4月22日	4月23日	4月24日	4月25日	4月26日	4月27日	4月28日
人数	1807	2001	2158	2305	2422	2601	2753	2914	3106
日期	4月29日	4月30日	5月1日	5月2日	5月3日	5月4日	5月5日	5月6日	5月7日
人数	3303	3460	3638	3799	3971	4125	4280	4409	4560
日期	5月8日	5月9日	5月10日	5月11日	5月12日	5月13日	5月14日	5月15日	
人数	4698	4805	4884	4948	5013	5086	5124	5163	

练习 6　根据表 14.3 的数据作出 4 月 20 日到 5 月 15 日 SARS 感染人数的散点图.

练习 7　如果 SARS 感染人数符合 Logistic 模型,

$$x(t) = \frac{x_m}{1 + re^{-kt}}$$

求出感染人数随时间变化的函数, 预测 2003 年我国 SARS 感染人数的最终规模, 并预测我国 SARS 疫情大约在什么时候结束.

练习 8　如果 SARS 感染人数符合以下的模型:

$$x(t) = \frac{x_m}{1 + re^{-kt-bt^2}}$$

预测 2003 年我国 SARS 感染人数的最终规模, 并预测我国 SARS 疫情大约在什么时候结束.

根据统计, 我国 SARS 最终感染总人数是 5327 (其中香港、澳门、台湾地区数据未计入), 在 2003 年 5 月底, SARS 疫情基本结束.

2.5　新冠肺炎疫情分析与预测

新型冠状病毒肺炎, 简称 "新冠肺炎", 是一种急性呼吸道传染病, 为抗击新冠肺炎疫情, 中国采取了强有力的措施, 取得了重大战略成果, 展现了一个负责任大国的担当.

在本实验中, 我们来分析和研究我国湖北省外新冠肺炎感染人数 (其中香港、澳门、台湾地区数据未计入) 的变化. 2020 年 1 月 20 日至 2 月 15 日我国确诊新冠肺炎的感染人数如表 14.4 所示.

表 14.4   我国湖北省外地区新冠肺炎感染人数

日期	1月20日	1月21日	1月22日	1月23日	1月24日	1月25日	1月26日	1月27日	1月28日
人数	21	65	127	281	558	923	1321	1801	2420
日期	1月29日	1月30日	1月31日	2月1日	2月2日	2月3日	2月4日	2月5日	2月6日
人数	3125	3886	4638	5306	6028	6916	7646	8353	9049
日期	2月7日	2月8日	2月9日	2月10日	2月11日	2月12日	2月13日	2月14日	2月15日
人数	9593	10098	10540	10910	11287	11598	11865	12086	12251

注: 表格中的数据来自国家卫生健康委员会官方网站. 官网数据中 "核减" 数据在当日公布总数据中直接减去.

我们可以画出 1 月 20 日至 2 月 15 日期间感染人数的散点图 (图 14.2).

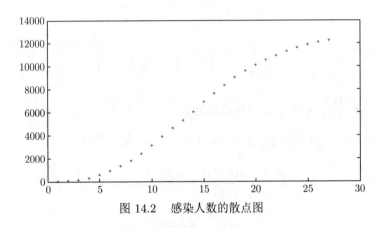

图 14.2   感染人数的散点图

由图 14.2 可以看出, 感染人数的变化趋势和 2.4 节 SARS 感染人数的变化趋势有类似之处.

练习 9   如果新冠肺炎感染人数符合 Logistic 模型, 求出感染人数随时间变化的函数. 预测 2020 年湖北省外新冠肺炎感染人数的最终规模, 并预测湖北省外新冠肺炎疫情大约在什么时候结束. 将散点和函数画在一张图上观察预测效果的好坏.

练习 10   如果新冠肺炎感染人数符合以下的模型:

$$x(t) = \frac{x_m}{1 + re^{-kt-bt^2}}$$

求出感染人数随时间变化的函数. 预测 2020 年我国湖北省外新冠肺炎感染人数的最终规模, 并预测我国湖北省外新冠肺炎疫情大约在什么时候结束. 将散点和函数画在一张图上观察预测效果的好坏.

根据练习 9 和练习 10, 我们可以发现, 预测的效果不是特别好. 我们来分析一下, 如何判断一组数据是否符合 Logistic 模型?

对于 Logistic 模型中的函数 $x(t) = \dfrac{x_m}{1 + re^{-kt}}$, 有

$$\frac{\mathrm{d}x}{\mathrm{d}t} = k\left(1 - \frac{x}{x_m}\right)x$$

$$\frac{1}{x^2} \cdot \frac{\mathrm{d}x}{\mathrm{d}t} = k\left(\frac{1}{x} - \frac{1}{x_m}\right)$$

$$= k\left(\frac{1 + re^{-kt}}{x_m} - \frac{1}{x_m}\right)$$

$$= \frac{rke^{-kt}}{x_m}$$

$$\ln\left(\frac{1}{x^2} \cdot \frac{\mathrm{d}x}{\mathrm{d}t}\right) = -kt + \ln\left(\frac{rk}{x_m}\right)$$

因此 $\ln\left(\dfrac{1}{x^2} \cdot \dfrac{\mathrm{d}x}{\mathrm{d}t}\right)$ 是关于时间的线性函数.

对于给定的一组数据 $(i, x(i)), i = 1, 2, \cdots, n$, 我们可以用

$$\frac{x(i) - x(i-1)}{i - (i-1)} = x(i) - x(i-1)$$

近似地表示 $\dfrac{\mathrm{d}x}{\mathrm{d}t}$. 因此, 如果 $\ln\left(\dfrac{x(i) - x(i-1)}{x(i)^2}\right)$ 是线性函数的话, 我们可以认为数据符合 Logistic 模型.

练习 11　对于表 14.4 中的数据, 画出 $\ln\left(\dfrac{x(i) - x(i-1)}{x(i)^2}\right) (i = 2, 3, \cdots, n)$ 的散点图. 观察数据是否是线性函数.

如果 $\ln\left(\dfrac{x(i) - x(i-1)}{x(i)^2}\right) (i = 2, 3, \cdots, n)$ 不是线性函数, 那么, 数据就不符合 Logistic 模型. 这时如果 $\ln\left(\dfrac{x(i) - x(i-1)}{x(i)}\right) (i = 2, 3, \cdots, n)$ 是线性函数, 我们可以认为 $\ln\left(\dfrac{1}{x} \cdot \dfrac{\mathrm{d}x}{\mathrm{d}t}\right)$ 是 t 的线性函数.

令 $\ln\left(\dfrac{1}{x} \cdot \dfrac{\mathrm{d}x}{\mathrm{d}t}\right) = kt + b$, 则

$$\frac{1}{x} \cdot \frac{\mathrm{d}x}{\mathrm{d}t} = e^{kt+b}$$

$$\frac{1}{x}\mathrm{d}x = \mathrm{e}^{kt+b}\mathrm{d}t$$

两边积分

$$\int_{x(0)}^{x(t)} \frac{1}{x}\mathrm{d}x = \int_0^t \mathrm{e}^{kt+b}\mathrm{d}t$$

$$\ln x(t) - \ln x(0) = \frac{1}{k}(\mathrm{e}^{kt+b} - \mathrm{e}^b)$$

$$\frac{x(t)}{x(0)} = \mathrm{e}^{\frac{1}{k}(\mathrm{e}^{kt+b} - \mathrm{e}^b)}$$

将指数函数 e^t 记为 $\exp(t)$, 则有

$$x(t) = x(0)\exp\left(\frac{1}{k}\mathrm{e}^{kt+b} - \frac{1}{k}\mathrm{e}^b\right)$$

$$= x(0)\exp\left(-\frac{1}{k}\mathrm{e}^b\right)\exp\left(\mathrm{e}^{kt+b+\ln\frac{1}{k}}\right)$$

$$= r\exp(\mathrm{e}^{kt+a})$$

练习 12　对于表 14.4 中的数据, 画出 $\ln\left(\dfrac{x(i) - x(i-1)}{x(i)}\right)(i = 2, 3, \cdots, n)$ 的散点图. 观察数据是否是线性函数.

练习 13　假设感染人数的函数类型是 $x(t) = r\exp(\mathrm{e}^{kt+a})$, 利用表 14.4 的数据, 用非线性最小二乘的方法求出其中的参数, 预测当时我国湖北省外新冠肺炎感染人数的最终规模, 并预测当时我国湖北省外新冠肺炎疫情大约在什么时候结束. 将散点和函数画在一张图上观察预测效果的好坏.

练习 14 (扩充练习)　搜集全球新冠肺炎疫情的数据, 选择全球数据或者某一个国家的数据, 研究数据的函数类型. 根据全球或者某一国家的数据, 预测其感染的最终规模, 判断其疫情何时结束.

§3　本实验涉及的 MATLAB 软件语句说明

命令 `polyfit(x,y,n)` 对数据 `(x,y)` 进行拟合, 拟合结果是一个 n 次多项式.

命令 `lsqcurvefit(fun,x0,xdata,ydata)` 对数据 `(xdata,ydata)` 进行非线性最小二乘拟合.

参 考 文 献

陈理荣. 1999. 数学建模导论. 北京：北京邮电大学出版社.

复旦大学. 1979. 概率论. 北京：高等教育出版社.

金治明. 1995. 最优停止理论及其应用. 长沙：国防科技大学出版社.

李庆扬, 王能超, 易大义. 1982. 数值分析. 武汉：华中理工大学出版社.

李心灿. 1997. 高等数学应用 205 例. 北京：高等教育出版社.

闵嗣鹤, 严士健. 1982. 初等数论. 2 版. 北京：人民教育出版社.

王东生, 曹磊. 1995. 混沌、分形及其应用. 合肥：中国科学技术大学出版社.

伍丽华, 周玲丽. 2008. 数学软件教程. 广州：中山大学出版社.

张志涌, 等. 2000. 精通 MATLAB 5.3 版. 北京：北京航空航天大学出版社.

College M H. 1998. 数学实验室. 白峰杉, 蔡大用, 译. 北京：高等教育出版社.

COMAP. 1998. 数学的原理与实践. 申大维, 方丽萍, 叶其孝, 等译. 北京：高等教育出版社.